團隊潛能

自主化組織的設計、優化與效率

Brave New Work
Are You Ready to Reinvent Your Organization?

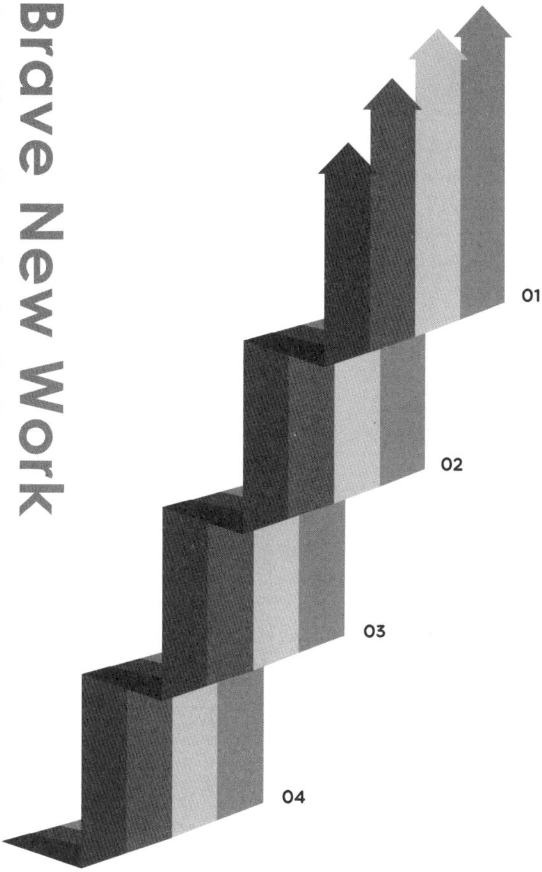

亞倫．迪格南 著
Aaron Dignan
林力敏 譯

本書為《組織再進化》改版書

獻給赫斯里

願你繼承一個人人在工作上既滿足又成功的世界。

如果不是，願你打造一個。

推薦序

不斷進化，改變我們的改變

——趙政岷／時報文化出版董事長兼總經理

管理大師彼得·杜拉克說：「管理，是讓別人完成你想要做的事！」但環境的改變、世代的更迭，現在的別人，早已不是過去時代的人；你想完成的事，愈來愈難成為別人願意幫你完成的事。觀諸全球，社會如此，企業更是難過！

我是一個標準的管理知識控。過去主編工商時報每日見報的《經營知識版》長達十三年，這代表著我曾經錄取採用過三千萬字以上的經營管理文章，也親自訪談超過五百位以上的CEO。以前我把這個版取了個英文名字叫「How to」，希望管理不只要知道，還要做到；後來覺得企業不只是管理，經營更重要，版名便改為「Know How」；當九〇年代新科技帶動企業變革，商業模式更加重要，有很長一段時間，版名是「Know Why」；但接近千禧年，組織邏輯丕變，愈來愈多經理人學經營管理，不是為了公司或老闆，而是要解決自己的工作難題，於是版名改成了「Working Smart」。時至今日，追求管理、品質、組織、控制、行銷、商業模式……等等過去奉為圭臬的管理新潮，如今多數失去了作用。

我當主管已超過三十年，幹總經理、CEO也已超過十四年，從管幾個人到幾十個人，再到上百人的上櫃公司，我汲汲於將過去主編與念書所學習到的管理知識，用在企業經營上，但近來自我檢討卻有三大嚴重的認知挫敗，或說是我的所為嚴重違背了我過去所學的管理信仰。

我喜歡發問、探索「為什麼」，並以追求「商業模式」為經營職志，但哪知道這幾年天災人禍、地區風險、產業生態、消費變遷都很快速，讓商業模式時時在變。當公司每一年賺到的錢都不太相同，這叫甚麼商業模式？但現實的考驗就是如此。

讀碩士時我專攻組織管理，認為組織設計好、人事系統規劃得當、團隊文化就有好的形成。但近年來產業的挑戰實在激烈，既定的組織制度，已因應不了變局。「人才」才是解決問題、發展新機的關鍵。於是我常「因人設事」，組織圖形同半虛設，把職權調來調去，連我自己也在救援補位；但最後我們年年難過年年過，在產業劇烈衰退中仍能維持一樣的獲利。

年輕時我參觀過日本的豐田汽車、京都陶瓷，對利潤中心的設計極為嚮往，我認定這是老闆給分紅、員工自己能當家的企業精神。當上總經理後，我也親自設計公司的獎金激勵制度，設想員工一定會為創造自己更多的收入、更高的榮譽而奮鬥拼命！但擺在眼前的事實是，你的獲利不是我要的獲利，也許無力、也許無心、也許無感，這使我嚴重懷疑我年輕以來那種「怕對不起老闆」的心態，是過時的骨董。「公司還在，今天有薪水領就好」、「不然是怎麼樣？我們都很努力啊！」才是王道，原來老闆與員工的距離，不只是世代落差、階級落差，更是心靈、價值觀與意識形態的落差。

服務過嬌生、嘉信、微軟、花旗、凱悅、美國運通、百事公司的組織設計與轉型顧問公司 The Ready 創辦人亞倫．迪格南，所寫的這本《團隊潛能：自主化組織的設計、優化與效率》，解答了我許多管理問題，讓我們重新輸入企業與組織運營的新生態、新營運邏輯。

他開宗明義地問你，紅綠燈與圓環的作業系統哪個比較好？全美估計有三十一萬一千個紅綠燈，開車過紅綠燈簡單清楚、不用花腦筋，多有效率！一旦車開進圓環，大家便擠來擠去、小心翼翼不能分神。但哪一種比較安全？流量比較高？興建和維護費用比較低？停電時能夠運作？答案都是圓環。圓環能減少七五%的車禍受傷率、九〇%的車禍致死率、八九%的車流延遲率、維護費用低五千到一萬美元，停電也還能正常運作。

就像我們所習慣的管理制度：相信官僚體制、不相信自我管理；相信統一領導原則、由上而下、階層鏈鎖，不再思索創新。我們一步步把組織與人員都變成了機械，我們信奉品管大師戴明所說的：「在業界九四%的問題源自系統，僅六%的問題出在人」，於是我們花力氣設計了系統，卻像籠子關起了自己，忘記了迎接新挑戰、要更新作業系統。

迪格南指出，進化型組織的第一要點是「正向待人」，相信員工會積極主動，人人有美好的一面。第二要點是「錯綜意識」，所有事情都是錯綜複雜的，因此需要學習繪製「作業系統畫布」，激發你和團隊分辨：何處需發揚、何處需改變。重新思索再定義：職權、策略、資源、創新、工作流、會議、資訊以及酬勞等。搞清楚究竟是為了什麼？如此一來，改變將會到來，美夢就會成真。

傳統的管理認為「表現是遵循的結果」。我們把企業宗旨與顧客滿意混為一談；要求組織架構，忽略了團隊引導；未注重個別需求，用公有的觀念分配資源，形成如同辦公室裡的公共冰箱般的雜亂腐臭；我們追求如同跳高革命福斯貝里背越式的突破方法，卻忘了不是每個人都適合同樣的創新。

這世界遵照泰勒主義已長達百年，我們根深蒂固以計畫、控制、執行來找出最佳做法，想要遵照規定來實施改變，但這是不可能的。

我們必須「改變我們的改變」，難道組織任務不能是一系列的專案組成？在專案中我們當然「以人設事」。所謂定型化的商業模式，當然應付不了變局。你知道員工同仁不是你，那他幹嘛要實現你的期待？你能反過來實現他的願望嗎？人是活的，組織由人組成，當然也是活的，不能再只是談分工與規範，甚至以此論功行賞。這年頭大家面對混沌世界、錯綜意識，要的是滿足「即時動態」與「共創未來」。也只有活在當下，才能不斷進化；不斷進化，才能活出未來！

目・次

推薦序　不斷進化，改變我們的改變／趙政岷……005

第一部：工作的未來……015

直到我們開始以不同眼光看事物，得到嶄新點子，才有辦法做出改變。

——榮格學派心理學家希爾曼（James Hillman）

進化型組織找到對的方法，達成傳統上辦不到的事情，更快做出好決策，靈活配置資源，靈活建立與解散團隊，在產品與流程上屢屢創新，在規模成長之際仍保有所愛的企業文化，工時較少但事半功倍，獲利良好但兼顧環保，替股東、員工、顧客和社會共創美好。

在業界，九四%的問題源自系統，僅六%的問題源自人。

——品管大師戴明（W. Edwards Deming）

問題不在主管，不在員工，不在策略，不在商業模式，而是在作業系統。把作業系統搞好，公司就會自行好好運作。

作業系統畫布能促進對話，而對話能促進改變。無論是在公司、教育界、慈善機構、公家單位、社區或甚至家裡，如果你對別人有影響力，就有責任增加系統的人性與活力，讓系統更能靈活適應變局。

最大的浪費時間是延遲與期望，寄託於未來。我們握有當下，卻鬆手拋開，交由機遇主宰，捨確定而取不定。

——古羅馬哲學家塞內卡

我們想建立的組織是充滿人性、活力與適應力的，所以要打破原本的認知，不再把改變當成是由上往下強行施加，而是人人有權依照公司的宗旨，引導公司的走向。

所有組織變革的最終目標就是使全公司實踐持續參與式改變。原因在於，無論你們的原則與做法多聰明，世界總會變，組織就該變，才能夠因應。

天底下最難掌控的，實行起來最危險的，成功與否最難測的，莫過於率先引入新秩序。

——馬基維利

在未來，無需遵照各種規則與檢核清單的非重複性工作，不太會被自動化取代。

科技無法發明未來，唯有人類才辦得到。科技會協助我們，會改變團隊樣貌，會改變職涯之路，但我們仍有工作得做，而工作會變得比先前更富創意，更錯綜，更有挑戰性。

PART

1

工作的未來

開頭是工作最重要的部分。

——柏拉圖

客戶們和我坐進黑色車子的後頭，去吃晚餐慶祝，興致高昂，剛才八小時暢談團隊裡沒機會聊的話，由一個終極問題開頭：「是什麼害你們無法發揮最好的工作表現？」他們壓抑太久，這問題打中內心深處的某個角落，大家暢所欲言，講個不停，從會議室講到走廊，進到電梯，現在來到車上。其中一位說：「我們的策略檢討月會呢？真有人有什麼收穫嗎？」大家安靜一會兒，接著異口同聲說：「沒有！」團隊負責人從前座轉頭盯著每個人說：「你們不需要開的話……那我大概也不需要。」

好，就是這樣。就我在混亂中所知道的，這個領導團隊和底下人員每月花一大堆時間做準備，再出席這個實質上只是美化過的進度報告會議。我趁機問他們：「你們大概花多少時間在這個會議上？」他們開始計算。首先是會議本身的時間，超過三個小時，將近四十個人出席。然後是資深人員準備會議的時間，他們得知道如何回應各個問題。此外還有團隊準備資料的時間，包括幾百頁的投影片，其中許多內容經常沒有用到。諸如此類。他們七嘴八舌，我計算加總。我們來到餐廳時，大致的估算出爐了。這個會議每年要花多少錢？將近三百萬美元。他們很傻眼：「我們每年竟然花三百萬美元開這個狗屁會議？我們現在該怎麼做才好？」我說：「何不就取消，看看會怎樣？」你幾乎能看見他們腦中的齒輪在轉動。如果會議可以改變，還有什麼**其他東西**要變——預算、批核或組織架構？這個團隊即將改造他們的工作方式。

工作不是工作

由於工作的關係，我造訪過五大洲的十五個國家，無論到哪裡都會遇到沮喪的主管和團隊。我們都面臨一個問題，那就是組織規模與官僚體制曾讓企業強大，卻在這個瞬息萬變的時代變成負擔。我們受各種壓力包圍——要成長，要貫徹，要不計代價執行，而且手得是綁在身後。我們必須發明未來，卻是身在問題重重的老舊工作文化裡。

我們的工作都做不完了，卻還把日子塞滿無止無盡的會議。我們的郵件、檔案和數據堆積如山，卻連所需的資訊都找不到。我們想要效率與創新，卻為了避免風險，而讓最好的人才綁手綁腳。我們嘴上說要團隊合作，卻並不真正信任彼此。我們知道這種工作方式不真是在工作，但無法想像另一套做法。我們渴望改變，卻不知如何實現。

如今我們面臨許多系統性難題，經濟如此，政府如此，環境如此，而一切源於我們無能改變。我們對官僚的靡靡之音上癮了。到處是各種無謂的階層、計畫、預算和管控，不像原本那樣運作良好。面對複雜局面，我們的**骨董組織**（legacy organization）——亦即組成現代世界大半部分的傳統組織——成效不彰，而我們心知肚明。然而我們兩手一攤，什麼也不做，就怕失去我們僅存的掌控力。

簡單的破壞

現在回想你的職業生涯，無論是幾年或幾十年都沒關係。回想讓你沮喪的事情，還有阻礙你的事情，想一想你希望能做什麼改變。再來，請讀下面這幾點，看看熟不熟悉，是否看過同事這樣？

(1) 凡事務必照規矩走，不允許為畫快決定而抄近路。

(2) 盡量多「發表高論」，逮到機會就說，滔滔不絕、愈長愈好，多舉故事和經驗來闡述「要點」。

(3) 凡事盡量叫眾委員「做進一步研究與考慮」，而且委員人數多多益善——絕不可少於五位。

(4) 盡量常提無關的議題。

(5) 對溝通、決議與會議紀錄的用詞斤斤計較。

(6) 重提上次會議的決定，設法質疑該決定不夠明智。

(7) 叫大家要「謹慎」、「理性」，切勿急躁，免得之後造成麻煩而後悔莫及。

(8) 對任何決定都瞻前顧後，詢問這種行動是大家有權決定的，還是可能牴觸上層的政策。

(9) 訓練新員工時，給的指示讓人一頭霧水。

(10) 即使有更迫在眉睫的工作，還是堅持開會。

(11) 盡量把指令和發薪等程序變得疊床架屋，一個人可以批核的事，偏要由三個人分別批核過才算數。

(12) 所有規定需要從頭到尾一字不漏地實行。

你在笑嗎？我認識的大多數主管都讀到哈哈大笑，這些狀況全見過，啊，**這個星期**就見過。也許你始終待在新創公司，讀了毫無感覺，那很好，但請讀下去，因為這是個警世寓言——如果你們公司有幸擴大，這可能是你們的未來。

你自然會想問：這些是誰寫的？滿合理的猜測是：這些是多年來我跟大客戶合作時觀察到的行為，是田野調查報告，是令人悲傷的官僚人種誌。然而雖然上述行為所在多有，我全看過，但出處其實遠遠更出人意料，簡直難以置信。

一九四四年，第二次世界大戰如火如荼之際，杜諾萬（William J. Donovan）擔任美國戰略情報局（中情局前身）的局長，想方設法要削弱敵國，甚至顛覆敵國，尤其是二戰的幾個頭號敵國。他要求局裡設計新的實戰手冊，打算提供給敵國裡認同同盟國的平民百姓，重點只有一個：協助他們展開「簡單的破壞」行動，打擊自己所在的社區和商業活動[1]。這本手冊大功告成，稱為《簡單破壞實戰手冊》，內容涵蓋廣泛，包括破壞建築物、破壞基礎建設及截斷補給線等。不過最後有一部分在談打擊**日常商業活動**。

現在你可能猜到了，前面那份無比熟悉的行為清單正是出自《簡單破壞實戰手冊》，出於一九四四年的這本手冊。然而我們沒什麼長進，現在還在公司裡看到這些行為，俯拾即是，我們同事會犯，我們自己也會犯。短短幾十年間，現代組織變得跟搞破壞無異。

幾乎每次我剛跟客戶合作，他們的某個主管會把我拉到一旁問：「你老實說喔，你的其他客戶會像我們這樣○○××亂搞嗎？」他們用的字句不盡相同，背後意思一模一樣，反映我們面對工作的掙扎與兩難。到底是別人都擺脫泥淖，只有我們深陷官僚體制；還是別人也同病相憐，大家全問題重重，世界百病叢生？這兩個答案都令人心裡五味雜陳。當然，我就只是簡單說出實情：「每個客戶都一樣，大家同病相憐。」他們一聽明顯鬆了口氣，有別人一起受苦真好。

事事皆已變，唯管理不變

五年來，我幾乎每場演講都以一張組織結構圖做開場，問觀眾這張圖是出自哪個年代，結果從來沒人知道。在每個國家，在每個場合，我聽到的答案各式各樣，從「一八〇〇年」到「昨天」都有。觀眾喊出隨便亂猜的答案，發出竊笑，因為他們明白：這張圖可能來自**任**

何時候。這張圖跟他們自己公司的組織結構圖如出一轍，而且我敢說，也跟你們公司的組織結構圖一樣。

下面這張圖其實出自一百多年前，確切來說是一九一〇年，稱作〈聯合太平洋暨南太平洋系統鐵路公司組織結構圖〉[2]。很嚇人的是，這張圖跟其他組織結構圖都大同小異，難怪我們無法做「碳定年法」，決定是出自哪個時代。如果我現在給你看一九一〇年的房子、汽車、服裝或電話，問你是出自現代或古代，你一看就知道，畢竟一切已經變了，只有組織管理不變。唉，組織管理真是沒什麼變，依然是資訊往上傳遞，決策往下交代，人人各歸其位，位位各有其人。

這些年來科技日新月異，網路、無人車、行

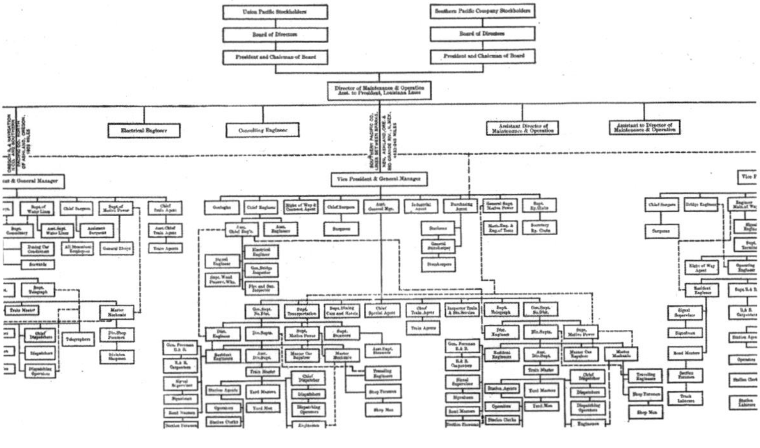

動計算、人工智慧和自動降落式火箭紛紛推陳出新，然而我們人類攜手合作解決問題和發明未來的方式幾乎毫無改變。這代表兩個可能性：一個是我們的組織方法已經盡善盡美，人人該遵照這種金字塔型結構；一個是我們困在目前這種組織方法，沒法掙脫開來，設計出更好的一套。

如何過馬路

我們的組織架構裡藏著一套假設，而我們絕少留意或反思，只是從前人那邊蕭規曹隨。這些假設，加上相應的實行方法，就像一種作業系統在後面靜靜運作，構成一切的基礎。

作業系統隨處可見。舉路口為例，當兩條路彼此交叉，問題就出現了：我們該如何讓最多車子可以通過，而且不會撞成一團？常見做法就是紅綠燈。美國據估計有三十一萬一千個紅綠燈[3]，全球幾乎人人知道這玩意兒在幹嘛。如果我們把這當作一個作業系統，背後的假設是什麼呢？

- 我們不能信任大家靠自己通過路口，需要有東西告訴他們該怎麼做。
- 這種複雜問題一定需要精細的規則和科技來處理，包括電線、電燈、開關和控制中心，讓車子可以最順暢地行進。
- 我們需要設想每個可能的狀況，運用多種顏色的訊號、箭頭、不動的燈光、閃爍的燈光，諸如此類。

另一個做法比較少見，但也人人知道，那就是圓環，車子開進一個連通四個方向的共享圓形車道。這也是作業系統，背後有一套對人和問題的不同假設。

- 人是可以信賴的，大家相信彼此能妥善判斷與做對事情。
- 這種複雜問題可以由簡單的規則和認知來處理，交由個人做判斷：先讓已經在圓環裡的車子通過，然後自己再進入圓環。
- 圓環裡會出現許多狀況，但大家能攜手解決。

這兩個做法怎麼樣？你是否注意到，紅綠燈不需要駕駛花多少腦筋？只要乖乖照做就好。相較之下，圓環需要駕駛專心開車，為自己和別人的人身安全負責。紅綠燈讓人能趁等待時偷傳一、兩則訊息；圓環讓人一直動作。紅綠燈背後有一大套系

統，隨時監控狀況；圓環要大家自己看著辦。

在美國，圓環很稀罕，大約每一千一百一十八個路口才有一個是圓環[4]，所以你也許認為紅綠燈比較好，但說真的，到底哪套作業系統能得到最佳結果呢？現在我們跳脫直覺，好好思考一下：

- 哪一種比較安全？
- 哪一種的交通流量比較高？
- 哪一種的興建和維護費用比較低廉？
- 哪一種在停電時運作得比較好？

上面四題的答案都是圓環。圓環減少七五％的車禍受傷率，減少九〇％的車禍致死率，車流延遲率也少掉八九％，每年的維護費用低了五千到一萬美元。當然囉，圓環在停電時依然運作正常[5]。可是我們比較習慣哪一種路口？紅綠燈的路口。很意外吧？我們把「常見」跟「良好」混為一談了。

這兩套做法是很好的隱喻，反映企業界的實情。我們最熟悉的工作方法其實不太管用，但又很難相信另一套做法。我們公司的作業系統包括種種政策、流程、辦法、措施、儀式和常規，重塑每天的現實，如此司空見慣，幾乎顯得理所當然，但如果你曾停下來想一下為什麼我們需要經理、預算或績效考核，你其實是在**不經意間**質疑這套作業系統——這套骨董作業系統。

如果這套作業系統背後的假設有問題，我們再努力也無濟於事。我們滿心相信世界能加以預測和控制，唯有用紅綠燈才能確保秩序，但你若是這樣想，一旦遇到當今世界常見的變動和狀況，就會退回過去的解決辦法：我們只是需要**更多能幹的主管**，只是需要**逼出效率和成長**，只是需要**組織重組**……但並非如此。在二十一世紀，進步的最大阻礙就是我們自己。

> 芬蘭文沒有問責（accountability）這個詞。沒人負責，才有問責這回事[6]。
>
> ——作家薩爾博格（Pasi Sahlberg）

工作的未來

如果你們公司其實能自行運作呢？如果你的事業、組織、餐廳、學校或教會能每天愈變愈好，不需要你東搞西搞瞎操心呢？如果你其實不必再給員工任何指示呢？如果你其實不必再時時緊盯呢？不必再滿腦子想著預算、計畫和下一季呢？這不只有可能，而且是在全球各地**正在成真**。

談到他們如何做團隊打造、專案管理、決策制定、資訊分享、目標設定、績效考核和酬勞設定，他們所採用的方法不是紅綠燈而是圓環，靠目標、公開和信譽創造自由和負責的公司文化，既有目的、也有彈性，既去中心、也重協調，而且崇尚**正向待人**（People Positive）和**錯綜意識**（Complexity Conscious）——這兩個基本思維會在後面詳細探討。

我把他們稱為**進化型組織**（Evolutionary Organization），原因是他們以這些思維攜手持續改善其作業系統。這些不只是思維，還要**實行**。無論你是帶領十個人的團隊，還是一萬人的企業，提升你的作業系統是最大關鍵——而這正是本書能帶給你的收穫。

這本書是寫給領導者、企業家、高階主管、經理人、慈善家、民選官員和社區幹事——

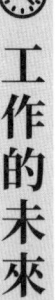

任何需要團隊成員攜手發揮潛能的人。而且所謂的潛能非常巨大：例如瑞典商業銀行沒有傳統的預算，卻於數十年間領先競爭對手；博祖克照護公司（Buurtzorg）沒有主管，由護理人員團隊合作；晨星公司（Morning Star）讓員工自己決定職責和薪水。我們會一一讀到這些例子以及更多精采做法，明白他們不是陷入混亂，而是用心開創出非凡成就。你還沒讀完這本書就會感到奇怪，怎麼還有人想繼續工作得綁手綁腳。

不過現在我想先簡單介紹一下這本書的架構。在第一部剩下的部分，我們會探討目前這種工作方式來自何處——從工業革命的工廠談起。我們會明白，當世界變得空前巨大和複雜，過往做法是如何開始行不通的。此外，我們會打下概念基礎，以便提出有關人員與組織的新思維，破除管控的迷思，用遠遠更好的另一套取而代之。

在第二部，我會說明我和同事所發明的**作業系統畫布**（OS Canvas），這工具能協助團隊明白我們的工作方式其實多麼相互交織，涵蓋十二個亟需質疑與改造的主題：宗旨、職權、架構、策略、資源、創新、工作流、會議、資訊、成員、超越，以及酬勞。然後再以此為基礎，闡述進化型組織的原則和實踐。我不會謊稱有什麼實現進化型組織的萬用辦法，但這樣更好，因為就算我們也許有一套原則，實踐方法仍得依自身脈絡、文化和特性而定。如果你擔心自己失去對事物的掌控，別擔心。無論你的職位高低，本書都有適用的好建議，你可以拿來讓團隊變得更好。

在第三部，我們會探討最困難的問題：如何改變。如果你先前滿心期望改變，努力半天煞費苦心，卻終究徒勞無功，那麼你並不孤單。我會提出一個違反直覺卻很簡單的改變方法，關乎你們組織的內在錯綜度。我們會學到如何把緊張和挫折加以轉換，變成很安全的嘗試與實驗，從而讓團隊往前邁進。我會建議一些原則和活動，讓你的團隊應用在初期的會議和改變過程的其他時刻。此外，我也會分享不同故事和啟示，有些是跌跌撞撞的轉型嘗試，有些是遠超預期的轉型佳績。

最後，我們會花點時間想像一個實現這些做法的世界：各個組織蒸蒸日上，嶄新經濟的基礎緩緩成形；而我會告訴你該往哪裡留意。你會擁有所需的一切，自信邁步，迎向工作的未來。

我如何來到這裡

二〇〇七年，我和夥伴創辦一家替國際大企業設計數位策略的公司。幾年後，我當上執行長。雖然我自認是進步派，事實上卻是以比較傳統的方法帶領公司，所有聘請和解僱人員的決定一手抓，年度考核要管，酬勞設定要管，財務和薪水要管，一下子叫員工做哪些事，一下子教員工該怎麼做，按**我**所認為的樣子來**設計**這家公司。

持平來說，當年我們的公司文化比多數公司更寬容和彈性，新人會負責重要客戶，自己摸索求生之道。我們會向員工詢問建議，回答他們的（多數）問題。那時我真心相信員工把潛能發揮得淋漓盡致。我們公司頗為民主，不過談到策略、設計、品牌和文化等重要決策，通常是由我做主。

如果容我老實說，我們真是幹得很不賴。公司迅速蒸蒸日上，人才濟濟——有幾位是我這輩子共事過數一數二的強者。客戶愉快滿意，名聲不脛而走，從外面看真是很成功的公司。

只有一個問題：累死人了。到頭來，由我掌控一切根本難以為繼，就算有時還不賴，我也開心不起來，夜復一夜躺在床上，有時是忙完一整天十六小時的工作，半夜兩、三點輾轉難眠，一個念頭始終縈繞腦中：這不會是經營公司的最佳方法。我慢慢明白，如果全由我當家做主，成敗由我一肩扛起，那我到底打造出了什麼？只是一個脆弱的體系罷了。由於我努力追求完美，同仁很難大顯身手，好好協助公司成長茁壯，於是我們無法充分發揮潛能。

同樣在那段期間，我有機會湊近一窺數家全球超大企業的做事方法。老實說，他們做得不是多好。在我看來，「大」向來等於「糟」。大企業動作遲緩，較不創新，也較不人性化，員工成天戴著面具隱藏真實自我，短視近利而非放眼長程，還積極跟同事爭權奪勢——我完全不希望公司是這副模樣。不過如果我們公司持續成長，這不就是我們的未來嗎？看來選擇只有一個：拿自由、效率和人性，交換金錢與規模。我感覺得到我對成功的定義在改變，但不清楚會變成什麼樣子。

我有些疑問，於是動身尋找答案。是否有方法不把公司經營成一團糟的官僚體制？是否有可能兼顧靈活和規模？成長是主要目標，還是附帶結果？我尋尋覓覓，從許多意外地方發現靈感。我留意到許多自我調整系統，諸如城市、螞蟻、鳥群、魚群、免疫系統和大腦，這些系統沒靠誰帶頭就能解決問題，順應各式各樣的狀況和難題。我學到很顛覆性的概念，例如仿生、顯露、韌性和反脆弱。此外，我開始發現有些團體或組織默默在以不一樣的方法做事，有些是從我出生前妥善運作至今，代表所謂**自我管理**的工作方式，特徵是沒有傳統的階級和官僚。這些進化型組織老早就在那裡，但主流企業文化對他們置之不理，不然就是宣稱他們那一套並不適用其他人。多少人聽過 Gore-Tex 材質製造商戈爾公司（W.L. Gore）內部的工作狀況，或是從一九八三年開始成功實行去中心化的黃銅汽車零件生產商法菲公司（FAVI）？這類例子不勝枚舉，從過去到現今所在多有，各自展現把人性、活力和自我調整帶回企業的方法。

於是我下了決定。我們要改變作業系統，要嘛自我管理，要嘛失敗垮掉。用說的倒是簡單。我需要改變自己的角色，從緊盯每件事執行成效的控制狂，變成懂得放鬆與放手，既來之、則安之。不過在這之前，我得讓人人認同這樣做。這不容易，原因是這種改變從許多意外的方面影響到大家，先前掌權的人需要找新方法來自認很重要與有用處，先前無權的人需要挑起擔子主宰自身工作，這可不容易。

改變不是一蹴可幾。我們試了很多新做法，有些管用，有些不行；我們學到一些新原則，感覺變得更明智，有時吵架，有時爭執。觀察自己的公司文化，某天抬頭發現公司裡的會議不同了，決策不同了，對話交流不同了。就這樣，我們一步一步緩緩成為與眾不同的公司，但走到終點了嗎？差遠了。事實上，我們發覺唯有真正在意工作方式的公司，才會明白一件事：你永遠走不到終點；你永遠在學習，永遠在改變。

十二個月後，我們回顧公司的財務表現，發覺過去一年是表現最好的一年。有趣的是，沒人知道為什麼。我們無法指著某個東西說，啊，**這個**就是公司成長的原因，就是我們成功的原因。不，事情就是……**發生了**。這時我才明白，我們原本空有滿腦子的好點子沒有發揮，現在卻變得能自由揮灑——大家不是各想各的，而是**互相激盪**。我再也不想重回過去那一套了。

我確實沒有重回過去那一套。幾年後，我創辦了準備公司（The Ready），宗旨為協助企業改變運作方式，從第一天就開始實踐我這些年的所學，成果相當豐碩，短短幾年內客戶遍及全球，協助過數萬個客戶改變工作方式。

此外，這十二個月以來，我在寫你手中的這本書。每週有三到四天，我沒有進辦公室或找客戶，不受打擾，不接半通緊急求救電話。夏天的某日，我進公司向團隊說：「我要寫一本書，講我們公司的故事，寫書的期間會常不在。現在有什麼需要我幫忙的嗎？」他們說：

「讚唷！去寫吧，我們會想你的。」你仔細想一想的話，這真是非比尋常，竟然有新創公司的創辦人把週間六到八成時間用在寫書，公司卻沒有爆掉，一般的新創公司哪能這樣啊？

我當然也有點懷疑。當我不在的時候，公司的文化能維持下去嗎？表現會下滑嗎？員工會開始不來上班嗎？也許會；但我相信我們所打造與擁護的公司文化。一年後的現在，我欣然看到一切順順利利。當然還是有艱辛與挑戰，畢竟我在公司有我扮演的角色，必須靠招募新人和嘗試新路來填補空缺，然而最終公司過關斬將，甚至**成長**，在許多方面赫然有所進步，而這全得感謝我們驚人的團隊。

現在你們有些人大概會好奇，我是否有指派別人代我管理公司，替我「暫時坐鎮」和「做關鍵決策」？答案是：沒有。我們的工作方式（即作業系統）建立在把權力和決定分散出去，所以不必靠誰帶頭。我們公司的一般員工相當可以獨立自主，甚至比《財星》雜誌世界五百強企業的副總裁更為自主。人人都有一張無上限的信用卡，都能充分運用資金，連承包商都一樣。我們需要做決策時，有一套迅速有效完成的程序。多數事情完全不勞我操心，我從沒這麼愉快與自豪過。

我講這些不是在自吹自擂，我們的成果沒什麼特別，人人可以做到。然而祕訣不在管理高層，而是在各個角落，就在我們各自的公司裡，在我們人員的腦中，只是被數十年下來的官僚制度與習慣做法所蒙蔽。你們公司，所有公司，本身就有辦法持續改造自己，只是需要你先把蓋子打開。

手指所指的月亮

現在你也許正好奇，這些和過去數十年間對組織靈活度的提倡有何關聯。這是個很重要的問題。〈敏捷軟體開發宣言〉（Agile Manifesto）的作者們提出一套更好的軟體開發方式，看重學習和靈活，勝過計畫和掌控。他們掀起一股風潮，激發許多人換個方式思考和工作，影響所及遠遠超出軟體界。現在各家企業都在設法達到「大規模敏捷」（agility at scale），認為這樣一來所有問題會迎刃而解。

可惜多數公司雖然想變得靈活敏捷，卻只是在照搬〈敏捷軟體開發宣言〉，套用表面的模式與方法，而非背後的理論。這樣麻煩就大了，畢竟靈活敏捷的工作流不是作業系統，

〈敏捷軟體開發宣言〉對於組織架構、人力發展、酬勞和無數相關問題幫助甚小。即使它包羅萬象，你也無法把作業系統複製貼上，正如無法把個性複製貼上。這個工作必須由**你**來做。

理解原則的人能替自己妥善挑選一套方法。忽略原則的人則只能亂試各個方法，必然遇上麻煩。

——商業理論家愛默森（Harrington Emerson）

對於想學豐田汽車經營管理之道的人，豐田前副社長大野耐一給的建議是：「別再照搬別人的智慧，而是靠自己思考。你要面對你的難題，思考、思考、再思考，靠自己解決問題。難題與折磨帶來進步的機會，成功就是永不放棄[7]。」他講得真是一針見血。如果你認為讓專案經理照〈敏捷軟體開發宣言〉的開發方法就能打破官僚，你會大失所望。敏捷開發是一套思維，不是具體做法，實屬必要但還不夠，只是一片拼塊，而非整面拼圖。

例子其實不只是敏捷開發而已，過去半世紀許多管理上的創新紛紛冒出來，各自意在改革現有的工作方式，包括精實生產（Lean Manufacturing）、全面品質管理（Total Quality Management）、ISO 9000、六標準差（Six Sigma）、全員參與制（Sociocracy）、全體共治（Holacracy）、精實創業（The Lean Startup），族繁不及備載；各自是一套作業系統，有些從一開始就走錯路，有些逐漸誤入歧途，有些則具真知灼見，但尚未充分實現。

一行禪師在《故道白雲》（*Old Path White Clouds*）寫道：「手指所指的月亮並非月亮。」我們若太關注於方法和傳信人，就看不到更深的真實。接下來我在這本書所舉的實例和故事就像手指，指著更好的工作方式，當中自有啟示，但我們每個人務必將之化為適合自己的做法，因時因地制宜。

不過為了做到這一點，為了真正為自己的未來擔起責任，我們必須了解過去。現有的階級、計畫、預算和職掌不是憑空變出來的。遠在〈敏捷軟體開發宣言〉之前，在管理顧問滿天飛之前，一整代管理愛好者發現不錯的管理方法，努力實現，於是在現在這個世界裡，全球一百一十九個國家都能買到麥當勞的漢堡，但也在現在這個世界裡，三分之二的人工作得沒什麼勁。在我們一頭栽入進化型組織的原則和實踐之前，還是先花一點點時間了解我們是如何誤入今天這種歧途吧。

單一最佳方式

骨董組織在一百多年前誕生於工廠裡。當年操作機械的工人很不受控，習慣有別，做法各異，連在同一間工廠裡都各不相同。新手向身邊的前輩討教，學習前輩的偏好與招數，當然也模仿前輩的工作步調。由於大家各憑本事，產能目標無從固定，工人和主管只能做多少算多少。的確，他們清楚知道生產某個具體零件要花多少時間，但沒人限制**應該**花多少時間。

這時泰勒（Frederick Winslow Taylor）出現了。他很年輕就在職涯裡往上晉升，之後提出一個創見，那就是把工作拆解成一個個最小單位，找出每個步驟的**單一最佳方式**。連再瑣碎的小環節，他都檢查細究到底，曾從科學角度認真研究**鏟子的使用之道**。結論是什麼？每次挖的分量需為二十一・五磅（約九・七五公斤）。如果你認為憑直覺就能用好鏟子，泰勒可不會給你什麼好臉色。

在泰勒那時代，工人往往很愛故意拖拖拉拉，泰勒對此嚴詞抨擊：「偌大的工廠裡，找不太到能幹的工人……大家都花一堆時間研究怎麼慢慢來，但又不至於讓雇主發現他們在拖拉[8]。」這當然是系統設計不良所導致的意外後果。當產能和工資太高，雇主會減少**按件計酬的工資**，所以工人會減少產能，以免工資進一步下降。雙方你來我往，互相拉鋸，結果是平庸的產能。

為了打破這種局面，泰勒很自然地做了一件事：實驗。這實驗完全推翻數十年來的勞資關係。他竟然**提高工資**，給工人高出一五到三五%的工作獎金，但附帶條件是他們得**完全**照他教的工作方法，之後他們可以再選擇要舊方法和舊工資，或是繼續照他的方法並領額外工資。

泰勒心頭的疑問很簡單：平均來說，多少工資能讓工人放棄自主？結果答案是：不怎麼多。這對他如同當頭棒喝，日後世界更因此改變。傳記作家卡尼格（Robert Kanigel）替泰勒寫了很詳實的傳記，說明這個突破：「這個魔鬼的交易於焉開始成形：你照我的方式做，符合我的標準，達到我指定的速度，於是做出我要的產能水準，而我會多給你一筆錢，超乎你想像的錢。你所需要做的就是別再自行其是[9]，而是聽命行事[10]。」

> 科技進步只是讓我們更有效率地往後退步。
>
> ——作家赫胥黎（Aldous Huxley）

雖然泰勒在某些圈子頗有名氣，但直到一九一〇年才真正打進主流。在鐵路公司和州際貿易委員會的著名法律戰裡，未來的最高法院法官布蘭迪斯（Louis D. Brandeis）激昂直陳，鐵路公司與其想打贏這場官司，不如採用絕佳的「科學管理」（他自創來描述泰勒那套方法的詞），更能省下可觀金錢。突然間，效率變得人人琅琅上口。

在科學管理蔚為風潮之際，泰勒出版《科學管理原則》（*Principles of Scientific Management*），這本書躍升十年間的暢銷大作[11]，提出四個堪稱新型主管職責的原則：

原則一：他們替工作的每個部分提出科學做法，取代過去的經驗法則[12]。

原則二：他們依科學挑選工人，加以訓練，加以教導，不像過去是由工人自己挑選工作，自行設法上手。

原則三：他們跟工人密切協調合作，以期所有工作符合所訂的科學原則。

原則四：他們和工人的權責與工作幾乎均等，管理階層承擔適合的事項，不像過去幾乎由工人一肩扛起多數責任與工作。

這些原則意謂著，**思考**（管理階層更「適合」的事項）擺一邊，**實行**（勞務）擺另一邊，兩者從此分開。這或許是泰勒帶給後世最大的改變；企管領域應運而生，肩負替其他人思考的重責大任。

在一九一一年《科學管理原則》出版之後，世界飛快採用泰勒的這套做法。一如其他大師，他也有不少門徒和同輩。在這時候，整個變革開始方興未艾，扭轉原本鬆散隨便的工作態度。

法國礦業主管費堯（Henri Fayol）寫出《工業管理與一般管理》（*Administration Industrielle et Générale*），提出日後所謂的費堯主義，包含數個管理原則，例如**統一領導原則**（unity of direction），意思是相同目標的工作該由**一位**主管依**一套**計畫朝**單一**共同目標加以管理；又如**階層鏈鎖原則**（scalar chain），意思是管理與溝通該在組織裡依單線**由上往下**傳達。現代組織結構圖的方框和直線就源自這些原則。

甘特（Henry Gantt）提出現今所謂的甘特圖，用來表現複雜專案和流程裡的交互關係。不過甘特有個危險的假設：世界可以預測。在他那個不斷重複的生產世界，這假設不太成問題，甚至有益，但在知識經濟下，這個假設成為一種危險的癮頭，不是實現目標的手段，而是淪為把「達成計畫」當成目標。

此外，我們可別忘了顧問業巨擘麥肯錫公司（McKinsey & Company）的創辦人麥肯錫（James McKinsey）。在人人著重產能之際，他徹底顛覆了這套會計思維。在他看來，擬預算是在傳達政策和策略，直接出自商業計畫，該用來衡量表現，用來看誰有達成計畫、誰則並未達成；這觀點後來成為另一種控制工具。一如泰勒，麥肯錫認為好主管要深切思考工作流程和計畫。他常流露尖銳卻迷人的招牌語調，侃侃而談：「我通常會發現，有些主管宣稱不信組織工作圖，也不想準備組織工作圖，但原因是在於他們不希望露出馬腳，被別人知道他們沒有從頭到尾妥善想過整個組織的工作。基於相同原因，許多人也反對什麼預算，不願讓人知道他們其實對未來沒怎麼想過[13]。」你看穿他的伎倆了嗎？如果你不贊同，那是因為你也沒有好好想過。

除了他們以外，還有許多人紛紛留下影響。吉爾博斯夫婦（Frank and Lillian Gilbreth）提出時間與動作研究，催生日後的人體工學。愛默森使我們對效率更加執迷，可謂推波助瀾。孟斯特伯（Hugo Münsterberg）使職業適配的概念更為人所知。烏維克（Lyndall Urwick）限制了管理的範圍，即一個主管能管理多少人員。韋伯（Max Weber）強調法理權威的價值，亦即擁有權力的是位置和法律（而非個人）。當然，福特（Henry Ford）替後世帶來生產線，催生大眾消費。只有備受冷落的現代管理之母傅麗特（Mary Parker Follett）想出更以人為本的潛能激發方式，提出互惠關係概念（雙贏）和非強制權力（影響力），走在時代的前面，可惜她的概念無意間導致了如今我們所知與「所愛」的複雜矩陣式組織。

若說他們有誰是包藏禍心，可不甚公平。他們全自認是在提升迫切所需的產能與表現，從而有益社會。從許多方面觀之，他們成功了。如果沒有他們，現代生活方式大概不復存在。如果我們喜歡現代生活的便利與美好，可真該跟他們道聲謝，雖然另一方面我們仍掙扎著擺脫他們留下的爛攤子。

舉凡思考與實作的區分、對預測的癮頭、指揮鏈，以及統合一切的嚴格預算，這些寥寥數人的理論建構了現代工作方式，其核心原則影響我們至今。我們仍會告訴別人如何實作和思考，仍在每個案子前詳細規劃，仍捨效益而取效率，仍把預算當武器。了解嗎？就算現在各公司能有手足球檯、亮麗椅子和零食自助吧，我們仍活在他們的世界裡。

官僚體制的代價

如果泰勒今天在跨國企業工作，他會愕然發現自己的科學原則淪為非常**沒效率**。根據某間聯邦所屬企業的員工表示，購買廁所用品需要**六個月前置時間**，你得先提出申請，取得問題評估報告書，然後提出辦理申請，由採購工程組核可採購作業，他們會聯絡供應商以確保按表進行，並確保所用的產品符合監管要求。如果你運氣不賴的話，一百八十天後就能拿到你的衛生紙啦[14]。

我們稱這種現象為：官僚體制。多數人一聽到這個詞就想到繁文縟節與效率低落。相較於科學管理的「單一最佳方式」，官僚體制反而像是在找出**單一最差方式**——步驟最多，所耗人力最多，浪費的時間也最多。「官僚」（bureaucracy）這個單字源自「bureau」（法文的「辦公桌」）加上「-kratia」（希臘文的「權力」或「統治」）[15]，所以原義還真的是**在辦公桌後管理**，講起來沒什麼問題。

倫敦商學院教授哈默爾（Gary Hamel）設法計算我們所失去的時間與精力，向官僚體制宣戰。他與論文共同作者薩尼尼（Michele Zanini）進行大規模的勞動力分析，指出在美國約二千三百八十萬個管理職當中，大概有半數非屬必要[16]。他們留意到一波新公司（其中許多家有出現於本書中），這些公司把主管對上職員的比例砍半，但表現蒸蒸日上。如果其他各家公司有樣學樣，一千二百五十萬個主管能空出雙手去做其他更具績效的事情。

除了管理階層的浪費之外，美國勞工每週總共花了七億一千萬小時在內部遵循事務（compliance activity）上，例如編預算和計畫，這占了他們工作時數的一六%[17]。然而根據預估，將近半數的內部遵循事務不具價值。換言之，官僚體制等於每年浪費九百萬名勞工的產能，而這齣戲碼仍在持續上演。

加總起來，等於二千一百五十萬個員工遠未發揮潛能。若每位員工是從事有附加價值、經調整平均每年為十四萬一千美元GDP的工作，則可以替美國經濟增加三兆美元的產值。我把這個數字的每個零都完整寫出來吧：$3,000,000,000,000。如果你是放眼國際的人，研究指出海外的浪費金額為五兆四千億美元。這就是官僚體制的代價，是組織的隱藏負債，我們每天都得支付利息。

組織負債

如果你的公司欠錢，你會很清楚。財務負債不可等閒視之，如果沒處理好，公司就破產了。如果你在開發軟體，你或許也有**科技負債**，亦即為了在程式碼上抄近路所付的錢。不過還有另一種負債遠遠未獲留意，卻足以完全摧毀你公司的文化，那就是**組織負債**（organizational debt）。

布蘭克（Steve Blank）是精實創業運動的先驅，當初把組織負債定義為：「新創公司在初期階段為求『有做出來就好』，而在公司人事／文化上做的妥協[18]。」創業者缺乏時間、資源或意願去做困難的事，於是先不擬定員工訓練和入職培訓等重要規劃，或是讓人員繼續長期待在不適任的職位。然而組織負債遠遠不只如此；不僅新創公司面臨組織負債，我想連成熟的大企業都同受其累。根據我的定義，組織負債是**任何不再適用的組織架構或政策**。依此定義，組織負債可謂各形各色，層出不窮。

組織負債極常源自膝反射般的反應。每當有事情出錯，我們立刻提出某個職位、規定或程序，以期避免日後重蹈覆轍。這樣子過了十幾二十年，原本只有一個步驟的程序愈長愈大，變成足足有二十個步驟，不然就是五個不同程序互相錯綜交纏，一個簡單的決定需由十個主管批准，諸如此類，愈演愈烈。事情愈搞愈複雜，風險隨之提高，所以我們只好變出新的規則和職位加以因應，亦即設立各專案管理辦公室。我們想建立秩序，卻適得其反，換來上千條愚蠢規則與**失序**，無法因應外界變化。

組織負債也常源自改變。在這個世界，我們的角色、規定和程序隨時唯恐過時，起初也許完美適用，現在卻完全扯後腿。此外，由於我們變得更常換工作，很多規定或做法當初出現時，我們人還不在其位。愈來愈多人開這個大家都討厭的月會？這就是負債。用去年的預算當作今年預算的基線？這就是負債。公司規定員工不能在社群媒體上提工作的事情？這就是負債。我們務必得問：「如果能從零開始，我們會怎麼做？」如果不是現在這個做法，可該改了。

重點在於：為了避免組織負債的陷阱，我們需要經常留意，多加簡化。我們訂的職位、規定和程序需要很靈活，與時俱進。可惜官僚體制不僅造成組織負債，還阻礙我們的因應。組織負債加劇官僚體制，官僚體制保護組織負債，真是令人頭疼的一對拍檔。

漸進退化

雖然有官僚體制——或說一部分因為有官僚體制——世界正運作得比先前都好。自從一九一一年泰勒寫出《科學管理原則》以來，赤貧人口的比例從八二·四%降為僅九·六%，受過基礎教育的人口比例躍升至將近九成，兒童死亡率僅當年的八分之一，民主成為全球主流的政府體制，全球經濟平均提升六倍[19-20]，在許多方面我們無比成功。

然而當揭去表面，有些事並不對勁。我們無法確切指出原因，但工作艱難得更勝以往，工時很長，週期很短，薪資停滯不前，工作的意義日趨消失，樂在工作日趨困難。儘管我們看似締造許多成就，工作卻在許多方面令人不滿，但只有少部分人窺見背後的問題。

其中一人是福斯特（Richard Foster），他與Innosight公司以標準普爾五百指數（S & P 500 Index，一份精挑細選的公開上市公司名單，能代表美國股市）裡的企業為研究對象，探討**企業壽命**，發現一九五八年榜上的企業平均壽命為六十一年，二〇一六年則降至二十四年，而且這個趨勢會持續下去，現有企業十年內會淘汰掉一半，二〇二七年的榜上企業將平均僅成立十二年[21–22]。這符合最近位於新墨西哥州的聖塔菲研究院（Santa Fe Institute）的大規模研究結果。聖塔菲研究院分析二萬五千多家企業，發現**所有企業**的半衰期平均僅約十年半[23]。大企業如此，小公司亦然，我們的日子正在倒數，公司的前景風雨飄搖。如果我們無法學著因應，也許不會再看到下一家百年企業。

企業壽命暴跌，投資人的平均持股時間也由八年劇降為五天。只持股五天的投資人是在圖什麼？答案可想而知——迅速獲利。由於現在五到九成的交易是由演算法決定（通常換股頻率很高），投資報酬取決於**股市起伏**[24]。如果股市穩定，人人沒有賺頭。因此，基金、投資銀行、媒體和交易所努力推波助瀾，讓股市起起落落。價值投資之父葛拉漢（Benjamin Graham）曾說：「短期來看，股市像是投票機器；但長期來看，股市如同磅秤[25]。」如今看來，投票機器正占上風。

企業也希望股價變動，但只希望是節節攀高。企業高層愈來愈是按股價分紅（藉此把他們的利益和股東相綁），所以他們變得短視近利，**現在**就要拉高營收或盈餘（最好兩者皆拉高）。然而投資無法迅速帶來獲利，尤其企業想靠現在這套獲利日趨困難，簡直雪上加霜。

標準普爾五百指數中企業的平均成立年數

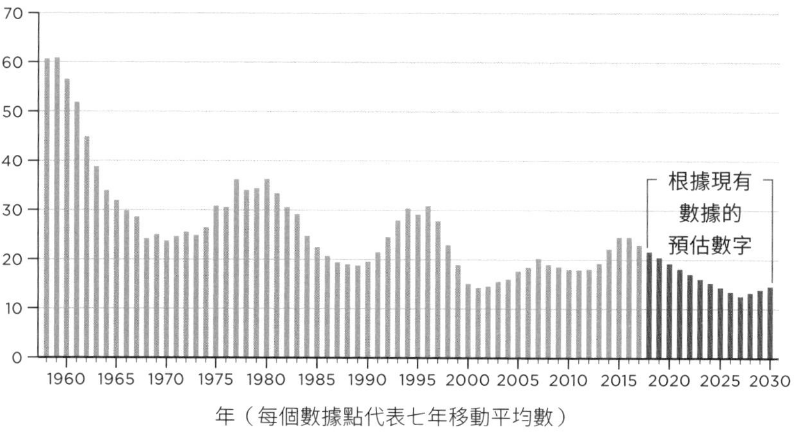

資料來源：INNOSIGHT/RICHARD N. FOSTER/STANDARD & POOR'S

＊注：這張圖表包含兩份不同研究報告的數據。

資產報酬率是淨利除以企業資產總值，如今是全面衡量企業表現的極佳方式。相較之下，雖然**股本報酬率**日益常見，卻太容易受財務操作，不像資產比較難操作。可惜的是，美國企業整體的資產報酬率在過去數十年愈趨下滑，如今僅約五十年前的四分之一，連前四分之一佳企業的資產報酬率也節節下滑，從一九六五年的一二．九％[26]，降至二〇一五年的八．三％[27]。企業也許變大，從資產產生價值的能力卻未變好。

那投資人找上門怎麼辦？企業只好向自己開刀，刪減研發開支，集中

美國企業整體的資產報酬率

按資產報酬率衡量，美國企業的表現持續下降

資料來源：Compustat; Deloitte Analysis, Deloitte University

管理運作，裁員再裁員，盡量把能壓低價格的部分外包，時常犧牲掉品質或服務。他們嚴加管控，包括限制差旅和停止徵才等極端措施，不信任員工能為公司利益做出最佳決定。

企業做盡這些，只求數字好看，也**確實**好看了，收入增加，現金增加，但公司內部中空化，資產報酬率有點更難提升了。不過投資人和分析師畢竟得到他們所要的。他們很開心嗎？沒有。他們其實抱持疑問：下一季會怎麼樣？現在是現金很多，點子很少。你會怎麼做？喔，你去購物，等著買人……或等人買你。

這是個問題：併購與收購行不通，至少不像原本所相信般行得通。根據麥肯錫的研究，將近七成的併購並不帶來預期的營收加乘[28]。根據安侯建業（KPMG）的類似研究，雖然八二%的併購與收購者在一年後**相信**這項決定很成功，卻只有四五%的人以評估報告真正確認。當研究人員採取嚴格的客觀標準衡量成功程度，卻發現八三%的併購與收購其實失敗了[29]。

併購與收購不見得有一加一等於二之效，但公司規模確實有所擴大，更能控制市場和價格。舉美國的航空業為例，經過一連串併購與收購之後，現在由四大航空業者壟斷八〇%以上的國內飛航市場。現在美國只有四大銀行、五大健保公司，談到科技產業就更慘了，行動平臺只有兩家，搜尋引擎由一家獨霸，社群網路由一家主宰，先前某家「一網打盡的商店」買下市值一百三十七億美元的連鎖有機超市，光是宣布這消息就股票大漲。「大到不能倒」和「少到沒得選」成為新常態。

為了讓這些大企業永遠成長下去，因而需要不斷有新創公司供他們收購。由於這個悲傷的原因，一年以下的新創公司占美國所有公司的比例逐漸下降，二〇一一年的數字比一九七八年少了一半。十五歲到三十四歲的自僱者占比從一九九〇年開始減少[30]。更可怕的是，從有相關統計數據以來，公司倒閉率在二〇〇八年首次跟公司新創率死亡交叉[31]。如今創業者看似雨過春筍不斷冒出頭，但實際狀況沒那麼簡單[32]。

由於併購收購、公司倒閉率和公司新創率的交互影響，現有企業愈來愈大，對經濟的占比愈來愈高。布魯金斯研究院（Brookings Institution）的近期研究指出，成立時間達十六年以上的企業占比往上攀升，從一九九二年的二三%，增為二〇一一年的三四%，亦即在二十年裡增加五成左右[33]。如果大企業的表現可圈可點，這現象就還不賴，但並非如此，小企業的專利申請數其實比大企業多十六倍[34]，創新和規模似乎背道而馳。

出人意料的是，**勞動生產力成長**也遇上麻煩。勞動生產力是指工作一小時所產出的產品和服務，這數值的提升相當重要，也許比其他指標更能反映生活品質的提升速度，在二十世紀大致維持穩定，但在過去十年降至二戰結束以來的最低水準，有時甚至完全停滯，在二〇一六年更出現衰退[35]，問題嚴重到經濟學界莫衷一是，不清楚發生的原因。過去十年科技明明突飛猛進，我們的生產力不是該**大幅上升**嗎？怎麼彷彿有其他力量在作怪。

雖然勞動生產力也許沒有以前增加得那麼快，卻絕對高過以往。從一九七三年到二〇一六年，淨生產力增加了七三．七％。那麼你認為，同樣這段時間裡，工資增加多少呢？如果你猜工資增長陷入停滯，你算滿進入狀況的。在同樣這四十三年之間，工資僅增加一二．五％，亦即生產力的增長比工資高五．九倍。至於執行長薪資和員工平均薪資的比例[36]，則從二十二．三比一，暴增為二百七十一比一[37]。唉，再說下去就傷感情了。

經濟似乎正陷入系統設計界所謂的**漸進退化**（graceful degradation）。系統運作正常，某些方面卻在辜負我們，雖（尚）未釀成大災，但我們經濟的思維、架構和鼓勵機制看來出錯了。企業亟欲滿足市場，於是變得規模龐大，效率低落，沒有以人為重。然而市場就是我們，我們是自作自受。在這種運作不當的反饋循環中，我們有責任停下腳步，問一問是否還有別條路。

進化型組織

現況的解決之道是**採取不同思維**。現在，想像一萬四千個醫療照護員工由不到五十人的總部加以管理，這怎麼可能？但確實可能，還很簡單，就是無為而治。布拉克（Jos de Blok）老早對官僚體制深深厭煩，後來創辦荷蘭知名的博祖克照護公司。在荷蘭，醫療照護人員經常會到患者的家中拜訪，尤其是需要臨終照護的病患，但一如整個醫護產業面臨的狀況，照護服務變得毫無靈魂，像例行公事，談不上個人照護，有些患者一年遇到一百五十個不同的照護人員，照護人員如同機器人聽憑上級差遣，以效率為最高指導原則。但諷刺的是，照護的開支反而增加，品質反而下降，照護人員不滿，患者也很不滿。

為了解決這些問題，布拉克讓照護人員能不受妨礙地追尋天職，好好助人為樂。這意謂完全改造既有的照護方式。博祖克照護公司的做法是，每個社區由自主管理的十到十二人照護團隊負責，他們能自由選擇適合的方式照顧患者，目標是「協助居家患者活得健康與自主」。這些團隊負責從頭到尾的照護工作，認真盡職，通常會先跟患者喝咖啡聊聊天，了解他們的狀況、需求和支持系統，然後以手頭所有資源（包括家人、朋友和鄰居）擬定照護計畫，提升患者的健康，也許前一刻進行醫療服務，下一刻找患者的鄰居一起幫助患者進步與滿足所需。這種經驗讓照護人員（及患者）感到充滿力量，無怪乎博祖克照護公司常獲選為荷蘭人最心儀的雇主。

這跟傳統靠金錢驅動的模式相比呢？你也許認為這種半社會主義式經濟更花錢，但正好相反，博祖克照護公司所服務的患者少掉四成就診時間，每年替荷蘭的社會安全系統省下數億歐元。根據安永會計師事務所（Ernst & Young）的資料，在這種新照護方法下，每位患者的開支減少二到三成。除了財務上的效率以外，這套做法在組織架構上也很有效率，博祖克照護公司沒有財務長，只有六個財務主管，每年卻賺進三億五千萬歐元，善用去中心化的照護團隊，十多年來避免官僚體制必然伴隨的開支膨脹與繁複作業[38-39]。

這類例子簡直讓人難以置信，然而博祖克照護公司並非特例，只是我為這本書做研究時所找到的許多例子之一而已（例子涵蓋過去到現在，完整名單參見附錄）。這些**進化型組織**找到對的方法，達成傳統上辦不到的事情，更快做出好決策，靈活配置資源，靈活建立與解散團隊，在產品與流程上屢屢創新，在規模成長之際仍保有所愛的企業文化，工時較少但事半功倍，獲利良好但兼顧環保，替股東、員工、顧客和社會共創美好。數十年來，這些公司默默鴨子划水，乏人注意，但現在不僅是特異人士想找出路，許多人都日漸對工作不滿，紛紛尋找更好的工作方法。

然而好奇是一回事，膽識是一回事。布拉克這種人到底是怎麼決定在各種產業中，偏偏選擇打破醫療照護的既有做法，提出很有人性溫度的新方式？他這樣做絕對不是為了追求數字，不是為了跟競爭對手一別苗頭，而是因為——在他看來——這是對的事情。這是他跟其他人的迥異之處：思維不同。他對工作動機、照護運作和成功的觀點與競爭對手天差地別，於是在別人所不見之處看見機會，讓博祖克照護公司做到別人只能夢想的事情。

直到我們開始以不同眼光看事物，得到嶄新點子，才有辦法做出改變。

——榮格學派心理學家希爾曼（James Hillman）

布拉克這種人也許少之又少，卻絕非單例。進化型組織各自的文化與做法也許大不相同，但我在訪談他們之際，發現兩個關鍵思維。首先，談到人性、發展與激勵，他們都遵循**正向待人**。此外，他們也深深體認到環境的高度變動與環環相扣，具有我所謂的**錯綜意識**。基於這兩個思維，他們對人和世界抱持根本上的不同假設，採取嶄新的工作方式。這兩個思維彼此相關，對我們所需做的工作而言相當關鍵，所以現在我們來好好談一談。

正向待人

正向待人是什麼意思？問黃銅汽車零件生產商法菲公司的前執行長佐伯瑞斯特（Jean-François Zobrist）就知道了。一九八三年，他接掌這間五百名員工的公司，公司前景十分黯淡。員工的進出時間受嚴密監控，只要遲到五分鐘，就扣五分鐘的薪水。那年夏天，為了得到「高溫獎金」，窗戶統統關上，員工熱得苦不堪言。連換新的工作手套都很麻煩，員工需要向主管拿許可單，走去倉庫，等候別人幫他們，拿許可單換新手套，再走回去工作，浪費的時間遠多於手套的成本。

佐伯瑞斯特認為，如果你信任他人，他們就會做對的事。於是他做了很大的嘗試：「我成為執行長的隔天來到工廠，叫大家集合，告訴他們：明天大家來上工的時候要記得，你們不是為我或主管工作，而是為顧客工作。付錢給你們的不是我，而是他們。現在每個顧客都有自己的工廠，你們是為他們的需求而努力。」

法菲公司著手分成十來個「迷你工廠」，分別按自認合適的方法做事，沒有打卡鐘，沒有配額，沒有管理，只有為顧客和彼此努力的決心。現在員工不用許可單就能買新用具，成果也相當可觀，每年平均可以把產品價格降低三%，而且超過二十五年不曾遲交貨。怎麼辦到的？因為他們的團隊對於自己的業務有完全的掌控，也負起完全的責任。準時交貨並非目標，而是人與人之間的期望。另外，員工不是彼此競爭、靠贏過同事換取獎金，而是從公司的總獲利裡分紅，在業績出色的年份能領到約十六個月薪水。這些措施統統有益。當競爭對手老早把工廠作業外包給中國，法菲公司仍堅持留在歐洲[40]，市占率約為五成。如今法菲公司是**出口給**中國[41]。

從這故事來看，工作方式反映我們對人性的假設和認知。我們是互相信任或互不信任？我們是認真或懶散？我們能自動自發，還是需要人管？人的行為、發展和幹勁長年屬於研究重點，但上一世紀我們面臨兩個互相矛盾的見解。

主流觀點是骨董組織那一套，把我們當成機械零件，由獎勵和處罰所左右，鑑過往可知未來。該觀點認為，如果沒有誘因，我們並不會想工作或學習，所以得靠組織或社會強迫管理。

小眾觀點是由法菲公司、博祖克照護公司和各進化型組織所擁護，認為我們內在有動力去發揮潛能與實現自我。這個觀點以馬斯洛與羅哲斯（Carl Rogers）等心理學家的研究為基礎[42]，認為人生來有幹勁，能自己尋找方向，值得信賴與尊重，而且很重要的是，我們就像是變色龍，能依環境與社會脈絡壓抑或扭曲本性。說到底，正向待人型領導者認為，別人對我們有什麼期望，我們就會是那樣；別人怎麼對待我們，我們就會是那樣。

> 世上可以說有兩種人：一種是經常把人分成兩種人的人，一種是不把人分成兩種人的人[43]。
>
> ——作家本奇利（Robert Benchley）

如果一九六〇年代早期你和麻省理工學院教授麥格雷戈（Douglas McGregor）約在他的辦公室碰面，他也許會把你拉進辦公室裡，問下面哪一句比較符合你的情形：

X：我討厭工作，能不做就不做。

Y：我覺得就是要工作，工作能帶來成就感。

如果你跟我類似，你大概會選 Y。畢竟只要情況許可，你確實會從工作中獲得意義和滿足。但接著他也許會問你，哪一句比較符合工廠工人、速食店店員或你的同事。如果你誠實回答，答案也許是 X。畢竟從他們的行為一看就知吧？但是，先別選得那麼快。

一九六〇年，麥格雷戈寫出《企業的人性面》（*The Human Side of Enterprise*），提出兩個有關人類行為和動機的理論，稱為 X 理論和 Y 理論，分別奠基於一組對人性的假設，可以推導出截然不同的管理風格。

X 理論反映當時的主流假設：

(1) 一般人生來討厭工作，能不做就不做[44]。

(2) 由於這種厭惡工作的本性，多數人必須靠處罰來逼迫、管理和引導，才會為組織的目標好好努力。

(3) 一般人偏好有人引導，想避免負責，偏向胸無大志，最著重安穩安定。

從現在的職場來看，X理論依然大占上風。公司規定告訴我們要做什麼，主管告訴我們該怎麼做，上班時間告訴我們哪時上班，會議邀約告訴我們能參與哪些對話，績效報告告訴我們如何學習和提升；背後的假設都是我們無法為自己負責，不值得信任。麥格雷戈認為這種觀點代表「大眾的平庸」，把人限制住，無論立意再良善也只能帶來次佳的表現。

Y理論對動機採取很不一樣的觀點：

(1) 對工作勞心勞力很平常，跟玩樂和睡覺一樣自然[45]。

(2) 基於組織目標的外部控制和處罰威嚇，只是激發表現的其中一種方式而已。人其實會為認同的目標自動自發。

(3) 追尋目標的決心，是來自成就的報酬（自我和自我實現）。
(4) 在適當情況下，一般人不只被動接受責任，更會主動尋求責任。
(5) 多數人肯為組織的問題認真發揮想像力和創造力，而非僅少數人如此。
(6) 在現代職場，一般人只用到一部分的潛能而已。

這兩個列表逼我們面對一個認知上的偏差，思考自己是否屬於例外。我們個人都認同Y理論：**我想成就大事，發揮創意，好好負責。**但是別人呢……同事呢？把他們歸類到X理論比較容易。我們能直接知道自己的想法和感受，卻難以一窺別人的內心，只能從他們的行為加以判斷，而他們的行為（至少有一部分）受環境影響。如果一個人是身在按工時計酬的環境，一舉一動受到監控，像是可丟可棄的零件，那麼他也許會（唉）**展現**X理論的行為，所以我們的認知受到局限，認為自己（不知怎麼）做得到，但別人做不到。

你可以留意辦公室裡的對話，大家是怎麼形容同仁和團隊？如果你聽到的是「誘因……掌控……迫使……」，還聽到「他們無法處理……他們不需要知道……他們不懂……」，那麼你們組織的很多決策大概是由X理論而定，雖然只是無意間如此。因此，你要加以留意，然後大聲問自己和同事：「我們真的認為別人是這樣子，所以才這樣講話嗎？」

麥格雷戈的想法也許超前那個時代，卻在之後幾十年得到實證支持和重新理解。一九七〇年代初期，心理學家德奇（Edward Deci）開始完全扭轉動機議題的方向。他在某個早期實驗請學生解一個魔術方塊[46]，其中有些學生是按所發現的每個解法得到獎金，另一些學生則沒有獎金。在獨自休息時間，有獎金的學生花更多時間繼續解魔術方塊，超過那些沒獎金的學生。然而當獎金取消之後，他們在休息時間更沒勁去解題目，不如從來沒獎金拿的學生。換言之，獎金**破壞了**他們內在的動力。然而在另一個版本的實驗裡，**口頭稱讚**有相反效果，從頭到尾都增加了學生的動力。

德奇做了更多實驗，後來寫出《內在動機》（*Intrinsic Motivation*）一書，掀起不小爭議。這本書引起研究生雷恩（Richard Ryan）的注意，他請德奇一起吃飯聊聊，結果兩人展開長年的密切合作，提出別開生面的**自我決定理論**（self-determination theory），認為我們有三個驅動與形塑行為的內在心理需求：自主性、能力感和關聯性。其中最重要的大概是自主性，亦即能自己選擇與主宰生命，不被他人控制。由於自主性太過關鍵，德奇和雷恩常把內在動機稱為「自主性動機」。根據他們的理論，我們生來充滿好奇心，準備探索世界，天生內建學習和成長的動力，而這種自主性可以增強或削減。

就工作來說，這理論的意涵非常簡單。當自主性增加，動機就增加；當自主性減少，動機就減少。康乃爾大學研究人員追蹤三百二十三家小企業，發現那些讓員工自主的公司表現出色，勝過從上往下管控的公司[47]，成長率高出四倍，離職率則僅三分之一。

當然，權力愈大，責任愈大。一九九〇年，波斯灣戰爭爆發之後，法菲公司的訂單直直落，佐伯瑞斯特知道沒有多少工作可做，最簡單的辦法是解僱占總人數十分之一的臨時工，但員工會有的反應可想而知，所以他站在空空的貨板上向全體人員發表談話，問他們該如何守住對臨時工和彼此的承諾，大家議論紛紛，後來一位叫吉拉德的作業員說：「如果我們〔每個月〕無薪停工一週，是不是能先讓臨時工留下來[48]？」佐伯瑞斯特說這確實有幫助，請大家舉手表決，結果全體一致通過，大家同意共體時艱，少領四分之一的工資，換取人人留下來，撐過訂單大減的時期。幸好不久後，訂單就回穩了。

如果作業系統是假定我們很愚蠢、很懶惰與不可信，我們將無法發揮最佳表現。談到人，你在許多方面是種瓜得瓜，種豆得豆。進化型組織知道，如果你認為人唯利是圖，他們就會唯利是圖；把人當作英雄好漢，他們就是英雄好漢。正向待人就是相信人人最好的一面。

錯綜意識

錯綜意識是什麼意思？如果你問企業主管過去的老方法為何變得行不通，最常得到的回答是：很錯綜複雜。如果你在谷歌（Google）搜尋「VUCA」這個代表變動、不定、複雜和模糊（volatility, uncertainty, complexity, and ambiguity）的縮寫，資料筆數從二〇〇四年至今幾乎增加了百分之一千[49]，幾乎出現在所有董事會議、法人說明會和領導潛修營。複雜成為所有問題的罪魁禍首。次貸風暴？很複雜。敘利亞？很複雜。臉書（Facebook）在美國大選的角色？很複雜。突然間，世界充滿意外。

我們知道錯綜複雜的**感覺**，卻大多不知道真正的**意思**。只要感到混亂困惑，就會混著用「複雜的」（complicated）和「錯綜的」（complex）等詞。

> 想像汽車的**引擎**，是複雜的或錯綜的？決定好就記下來。

當我問觀眾這個問題，大概一半的觀眾會選「複雜的」（complicated），另一半則選「錯綜的」（complex）。

那**交通**呢？是複雜的或錯綜的？

我再次請觀眾舉手表決。這次大家變得不太好意思舉手，大約三分之一的觀眾選「複雜的」，三分之一的觀眾選「錯綜的」，另外三分之一感到疑心而沒舉手。大家一頭霧水，開始明白用意：我們並不清楚這些單字的意思。

研究系統理論的學者則不然，他們很清楚區分「複雜」和「錯綜」的意思。汽車引擎是**複雜的**。複雜的系統是因果系統，取決於因和果，就算也許包含眾多部分，卻是環環相扣，相當可以預測。換言之，複雜系統的問題有解。我們能很有自信地據理解決其問題，妥善掌控。

這不是說連門外漢都能清楚看懂複雜系統，正好相反，理解引擎或3D列印等複雜系統需要專業與經驗，專家能靠既有辦法觀察模式與提出解方。這是技師、錶匠、塔臺人員、建築師和工程師的領域。

交通則是錯綜的。錯綜系統不是看因果，而是看傾向。我們能有依據地猜測**可能狀況**

（傾向），但無從確定。我們能預測氣象，卻無法控制天氣。錯綜問題跟複雜問題不同，無法**解決**，只能**管理**；無從**控制**，只能**導引**。這是蝴蝶效應的領域，一點小改變能掀起大變化，但整個大改變也可能船過水無痕。專業在此可能適得其反，淪為武斷或盲目，反而忘記情況的模糊不定。

錯綜系統通常包含許多交互作用的組成單位，例如人、螞蟻、腦細胞或新創公司，一起展現某種調整行為或意外行為，不由某個領導者或控制中心帶頭。因此，錯綜系統主要是關乎組成單位的**關係**和**互動**，而不是組成單位本身；這些互動導致不可預測的行為表現。如果某個系統（可能）令你意外，大概會是錯綜系統。軟體是複雜的，創辦軟體公司則是錯綜的；飛機是複雜的，乘客行為是錯綜的；突擊步槍是複雜的，槍枝控管是錯綜的；蓋高樓是複雜的，城市是錯綜的。

那麼組織本身呢？當十個人或一萬個人一起從事某項任務，整體的本質是什麼？這是專家能解決或管控的**複雜**系統？還是充滿意外與不確定的**錯綜**系統，我們只能靠互動來了解和影響？答案很明顯，靠直覺就知道。組織的許多行動和結果很複雜，但**組織本身是錯綜的**。組織文化不是能解決的問題，而是需要建立的新興現象。

> 可預測的規則絕對可能導致不可預測的行為。
>
> ——哈普納（Frank Heppner）

主流觀點認為，表現是遵從的結果。**如果能讓每個人照我們說的做，目標就能實現。**這帶來的是各種限制，包括規定、政策和流程，訂好各種可能狀況的因應方式。然而錯綜意識型領導者認為，表現是集體智慧與自我管理的結果。**如果能創造對的工作環境，人人就能找出方法達成目標。**這帶來的是授權與自由，讓大家在多數情況下自由判斷和互動。

我們大多沒有體認到這一點。多少重建與改組是出自「這次我們做對了」的想法？多少領導訓練課程反而毀了一批批主管？多少公司想靠海報和 polo 衫改變公司文化價值？所有五年計畫、年度預算和固定目標都反映我們並不了解自身組織的本質。我們很想掌控，因而看不見實情。

假設你是執行長，公司的差旅開支失控了，財務長叫你想辦法解決，這時你要怎麼做？

你可以採用**紅綠燈路口**式的方法，凍結差旅預算，擬定短程、中程和長程出差的花費上限，要求人員在訂票前先請主管書面核可，而且你還可以跟某個預訂平臺合作，請他們依循你的政策，只提供特定航班或旅館的預訂服務，至於成立審計委員會也不失為一個方法，違反規定的員工等著受罰。這些措施**可能**有用。

或者，你可以設計比較像**圓環**的解方，公布各團隊（或是個人）的總差旅費，讓大家互相比較；發布業內平均花費和公司過往花費；請每個人協助善用預算，說明這能提升整體獲利（大家能分一杯羹）；在全體開會時請常出差的人分享旅行技巧和出差要訣；靠自己以身作則，然後站在一旁看會有何改變。

在骨董型領導者眼中，一切仍像在工廠，只要長期努力就能解決所有問題。然而官僚體制無法處理錯綜問題，無法處理我們每天遇到的意外，而且更糟的是，永遠無法以出奇的突破**使我們感到驚喜**。如果我們繼續把錯綜當成複雜，永遠會沮喪於事情無從理解與掌控。我們抓得太緊，忘了放手的神奇功效。

拿出膽識

你也許知道福斯貝里（Dick Fosbury）的故事，他二十一歲時靠自創的背越式跳法贏得奧運跳高金牌，這跳法後來也稱為「福斯貝里式跳法」，從此改變跳高運動，一九七八年至今所有破紀錄的選手都是用這種跳高法[50]。

不過你大概忘了其他選手當初的反應。在奧運那時候，他在奧勒岡的隊友已經花了兩年模仿他卻始終未果。即使在他抱得金牌後，一般認為這種古怪跳法確實管用，**但只有福斯貝里適用**，對別人**永遠**行不通。每當我向那些苦於難以釋放團隊潛能的領導者提及進化型組織，他們也是這種反應。

「那對博祖克照護公司適用，對我們不適用。大概要歐洲的公司才行吧。」

「線上影音平臺 Netflix 是科技公司，他們當然能這麼做。」

「我不知道瑞典商業銀行怎麼繞過主管機關，但我們的主管機關不會允許。」

為什麼創新做法明顯更好，我們卻裹足不前？行為經濟學界的解釋是：現狀偏誤。我們往往喜歡維持現狀。比方說，想像你繼承了一大筆錢，必須決定如何投資，而有意思的地方在於：這筆錢**已經**投資於股票和債券。你會做什麼更動嗎？研究顯示，大概不會[51]。同理，勞工對是否參與美國退休儲蓄計畫的選擇也是這樣[52]。領航投資公司（Vanguard）發現，如果是採**選擇加入制**，亦即要選擇加入才會加入，則在到職滿六個月的員工當中，大概只有三四%的人參加了退休儲蓄計畫；如果是採**選擇退出制**，亦即要選擇退出才會退出，則高達九〇%的人參加了退休儲蓄計畫。我們也許喜歡自認總能做出理智的選擇，卻其實受偏誤所囿，愛照現況走[53]。

無怪乎，我們愛照著舊的工作方式。由於現狀偏誤，我們容易以為現有方法是唯一方法。我們滿心想進步——有更好的主管！更單純的預算！更少的層級！——卻自然愈陷愈深，從沒問是否該走截然不同的路。

這種對進步的無止盡追求可能是陷阱。科學管理只指出我們**已經在做**的最佳方法，但真正的創新往往來自徹底走出安逸與現狀。特勒（Astro Teller）是谷歌 X 祕密實驗室的登月研究員，他這麼說：「通常來講，要讓某個東西進步十倍比較簡單，進步百分之十比較難……

原因是當你設法讓東西進步百分之十，無可避免地會專注於現有工具與假設，考慮很多人花一大堆時間想出的既有解方……但當你的目標是讓某個東西進步十倍，得靠膽識與創意，而人類正是靠這樣上了月球，這既是比喻也是現實[54]。」有時候比較容易的做法是從白紙開始，問自己要試著怎麼做？但在此之前，得先不再死命緊抓現在的做法。

這帶出領導者和團隊需要牢記在心的一大重點：**我們的工作方式純屬編造。**現有方式不是唯一方式，甚至不是原始方式，而是由先前的大師、實業家、強盜大亨、公會、大學和一代代主管與勞工所創造的，一磚一瓦搭蓋的。適用之處就繼續用，過時之處就快改掉。

統計學家博克斯（George Box）說：「所有模式都是錯的[55]；但有些模式是好用的。」在我們繼續往前衝之際，我想請你找出**對你**好用的方法。你不必試我提的所有方法，只需往前走得夠遠，擺脫現狀的引力。即使背越式跳法有點古怪，你還是得這麼跳。有些方法不必大張旗鼓就能得到支持，有些方法從小處邁步能走向遠大，這是你發揮最佳工作表現的機會，可別再猶豫了。

PART

2

作業系統

在業界，九四%的問題源自系統，僅六%的問題源自人。

——品管大師戴明

（W. Edwards Deming）

企業要做到正向待人和錯綜意識可能很難，不知從何著手，也不知如何著力。然而我在世界各地蒐集數百個創新做法，深入研究，發覺進化型組織會從十二個主題切入，他們發揮膽識、勇於冒險，從而迎向工作的未來。至於身陷泥淖的企業，也往往有這十二個方面的錯誤。這十二個主題構成作業系統畫布，供我們看見自身組織的樣貌與方向。

作業系統畫布

我們需要按這十二個主題，分別比平常更深入思考自身組織。比方說，何謂職權？該如何分配？你公司表現得怎麼樣？你怎麼做決定？你該怎麼決定？你對職權的做法是紅綠燈式或圓環式？符合正向待人和錯綜意識嗎？這十二個主題逼我們檢視自己的假設、理念和現實。如果我們嘴巴上說要廣納每個人的意見，卻成天只想說服別人，那就該反思了。如果我們嘴巴上說看重靈活，但每個決策需要經過十個人核可才算數，問題可謂顯而易見。

在接下來的章節，我們會探討這十二個主題是如何改變，各有哪些例子，又有什麼創新

作業系統畫布

宗旨（PURPOSE） 我們如何前行	**職權（AUTHORITY）** 我們如何分享權力與做決定	**架構（STRUCTURE）** 我們如何組織並進行團隊合作
策略（STRATEGY） 我們如何擬定計畫與區分優先順序	**資源（RESOURCES）** 我們如何投資時間和金錢	**創新（INNOVATION）** 我們如何學習和進化
工作流（WORKFLOW） 我們如何分工並工作	**會議（MEETINGS）** 我們如何開會和協調	**資訊（INFORMATION）** 我們如何分享資料與運用資料
成員（MEMBERSHIP） 我們如何定義關係與培養關係	**超越（MASTERY）** 我們如何成長和茁壯	**酬勞（COMPENSATION）** 我們如何提供薪酬

的原則與做法。每個主題分成五個部分：**概要**先介紹概念，**思考挑戰**質疑你的假設，**實行**包含不同的新嘗試，**改變**包含實行的要訣，**提問**協助你思考如何改造自身作業系統。

你也許會發現這十二個主題偏向概括和中性。這是刻意的，因為我們希望不同組織文化的企業都能適用。舉例來說，晨星公司靠「架構」這個主題取得極大成功，改革傳統的職稱和職務。晨星公司是全球最大的番茄加工商，四百名全職員工每年決定自己的職稱和職務，寫下「同仁理解函」，包括對彼此的協議和承諾，交由其他同事針對內容提出**建議**而非指示。同仁理解函每年更改，也就不需要傳統的職稱和升遷，但沒關係，每個人都隨學習和成長而替自己調薪。這方法成效顯著，雖然番茄加工業的年成長率僅一%左右，但晨星公司在過去二十年營收和獲利都達到二位數的成長，如今年獲利超過七億美元。番茄加工業通常只把員工當小螺絲釘，晨星公司卻以人為中心，發展出絕佳的工作方式，媲美任何創新的獨角獸公司[1]。

不過這套架構不見得適合你公司的脈絡和文化。你的方法也許更激進，也許更溫和，也許意近但形遠，怎樣都好。我只想要說，正向待人和錯綜意識的思維能讓這十二個方面變得更好。每個公司文化都有傳統之處，有現代之處，也有獨特之處。作業系統畫布只是一套反思與摸索的工具，無意下評斷。

要看一個人是否具備第一流的才能，莫過於看他能否同時容納兩種矛盾念頭，照樣能繼續思想而不受影響。

——小說家費茲傑羅（F. Scott Fitzgerald）

此外，作業系統畫布的各個主題並非互斥，也沒有涵蓋所有層面。從錯綜的觀點來看，把組織拆解為數個獨立部分不啻愚昧。這十二個主題只是我們研究歸納出的普遍重點，你適合先分開著手處理，而不是茫然看著各點交互影響而不知所措。

你讀到一半會開始心想，哇，我要怎麼在公司推動這麼天翻地覆的改變？而且如果行不通呢？但你別因此停下腳步。在這本書的其餘部分，我會分享同事和我遇到哪些企業的艱辛掙扎，又獲得什麼啟示。我們可以轉換為更好的工作方式，卻不是靠商學院教的那一套改變管理方法，而是靠正向待人和錯綜意識的思維，加上這本書裡的要領與招數。

在我們深入探討這十二個主題之際，請記得：問題不在主管，不在員工，不在策略，不在商業模式，而是在作業系統。把作業系統搞好，你們公司就會自行好好運作。

宗旨▪PURPOSE

我們如何前行；這個組織、團隊或個人的意義是什麼。

一九七〇年，經濟學家傅利曼（Milton Friedman）說出一句名言：「企業的社會責任就是增加利潤[2]。」說得更直白點，就是在商言商。之後幾十年，骨董組織把這句話深深內化到驚人的程度。如同我們所見，企業把短期利益擺在第一位，把市場、法律，甚至是我們的注意力都當作無盡逐利的利器。人性和環境為此深深付出代價。由於企業無止盡追求成長，氣候變遷的危機如火如荼上演。由於企業以利益至上，貧富變得嚴重不均，勞工對工作完全提不起勁。企業把股東價值當作成功的**定義**，而非成功的**結果**[3]。網景通訊公司（Netscape）前執行長巴斯代（Jim Barksdale）曾嘲弄地說：「說企業的目標是賺錢，就像在說你人生的目標是呼吸[4]。」

然而我們也可以把宗旨擺在首位。人生那麼多時間是在工作，如果這份工作很值得、很有意義，豈不是很棒嗎？舉全食超市（Whole Foods）為例，一九八五年，六十位人員和義工提出他們最初的〈互助宣言〉，公司宗旨為「養好世人與地球」，短短七個字，意涵很深遠。那麼連鎖超市巨擘克羅格公司（Kroger）呢？他們的存在理由呢？克羅格超市的宗旨是：「成為食品、健康、個人照護和相關消耗性商品與服務的配銷與販售龍頭。」呃，好想打哈欠啊。你能想像你四十年來日復一日懷著這句宗旨上班嗎？

組織宗旨可以對社會**有益或有害**，畢竟慈善機構和恐怖組織的關鍵差異是在意圖。正因如此，進化型組織以**追求幸福**為宗旨——促進人的自我發展。那獲利呢？獲利是讓我們得以追求宗旨的關鍵力量，是我們呼吸的空氣，若無獲利就很難發揮影響力，很難實現願景，所以多數進化型組織的獲利能力很高。事實上，學者西索迪亞（Raj Sisodia）在《令人鍾愛的公司》（*Firms of Endearment*）提到的良心企業表現出色，在十五年的期間裡，勝過標準普爾五百指數裡的企業高達十四倍，其中十年是在那本書出版之後[5]。

企業宗旨是激勵，卻也是限制，把我們的精力和注意力集中在某處，替努力設下界線，說著：**我們就在這裡打造夢想。**宗旨太俗氣（如股東價值），我們會缺乏意義；宗旨太模糊（如改變世界），我們會分散焦點；宗旨太具體（如每張辦公桌要有部電腦），我們會在成功後頓失目標。至於適當的宗旨則帶來團結與方向，一路上協助我們做決定。

思考挑戰

分散宗旨。所有組織都有一個宗旨，但不見得各層人員都抱持這個宗旨。我們想避免官僚體制的階層，同時，各團隊該一致清楚知道，儘管他們刻意走另一條路，卻是為公司整體的宗旨在努力。團隊宗旨是在促進組織的宗旨；連個人都懷抱組織的宗旨，也就不需要冗長的職務須知了。如果員工都真正「了解宗旨，在乎宗旨，準備貢獻己力」，我們還需要東交代、西交代嗎？

引導數值。骨董組織很執迷於各種評量，時常把這當作管控的手段——找出表現不好的傢伙處罰一下。然而如果我們太著重數值，唯恐遇到古德哈特定律（Goodhart's law）：任何評量方式若成為目標，會變得不再可靠[6]。為什麼？因為人員會設法操弄評量的數值。我們該做的是以數值引導大家追尋宗旨。如果我們設計一款旨在協助使用者減重的應用程式，那麼使用這款應用程式的平均時間會很有趣，但前提是玩這款應用程式確實讓使用者變得更健康。此外，引導數值的一大重點是**引導**。你是在尋找量化與質化的訊號，設法了解與回應。

如果你不是根據數值做決定與行動，可就錯了。我們公司原本很關注社群媒體上的追蹤人數，一顆心上上下下，但某天我們捫心自問：我們是否曾靠這個數據做出改變？沒有。於是那天起我們不再關注追蹤人數了。我只知道，上次我看的時候，人數還在上升。

宗旨的代表。別把顧客和宗旨混為一談。近來顧客成為熱門主題，貝佐斯（Jeff Bezos）和亞馬遜尤其把顧客至上發揮到極致，而這實屬必要，如果你像許多大企業的團隊那樣忽略顧客及其需求，後果恐不堪設想。然而單純把顧客當成宗旨也很危險，如果一味依顧客的回饋為行事依據，唯恐退化為平庸。汽車大亨福特說：「如果當初我問大家要什麼，他們會說跑得更快的馬。」這意謂我們有時是要把顧客帶到新的地方，某個他們還看不見的新地方。顧客其實是公司宗旨的代表，跟我們一起消除公司宗旨與顧客需求之間的落差。全食超市不確定自己是否有養好世人，但知道上週是否有更多人選擇買有機水果或減糖食品，是否更認可在全食超市裡的購物體驗。基於這些資訊，全食超市也許能朝對的目標多邁進幾步。

宗旨的實行

專準目標。宗旨即使說得再好，有時也很難落實。在暢銷書《少，但是更好》

（*Essentialism*）中，麥基昂（Greg McKeown）提出「專準目標」（essential intent），也就是終極目標和每季目標之間的小目標。他說專準目標「既激勵人心又明確具體，既別具意義又便於衡量[7]，好的專準目標是替後續一千個決定鋪路」。我們可以把專準目標想成墊腳的石頭，達成後就往終極宗旨接近一步。特斯拉汽車的宗旨是「加快世界迎向永續能源的轉變」，這宗旨無法真正幫助工程師在今天做某個決定，但如果他們的專準目標是打造第一輛**買得起**且**吸引人**的電動車，是在把錢燒光之前量產五十萬輛，那麼每個員工就有很多事情得做，會為了壓低價格做出取捨，但不至於犧牲車款的魅力，至於量產也是重點，一翻兩瞪眼。當然，時間會揭曉他們是否能達成目標。

你要請公司裡的每個團隊說出專準目標。為了追尋公司的宗旨，接下來六到二十四個月該怎麼做？大家找個下午，喝飲料討論一下。此外，大家不必急著把各自的專準目標完美整合起來，而是留意異同之處，互相討論，讓人人能時常調整與精進專準目標，而且有辦法知道彼此的調整狀況。

六個月或三十年。這裡討論個稍微不一樣的東西。二〇一二年，在臉書的使用者人數達到十億大關之際，臉書推出一本給員工的紅色小手冊，裡面有一大堆故事、原則、價值觀和鄉野傳言，為下一世代留個見證，其中一頁寫道：「在這個產業，五年計畫並無意義。你每跨出一步，周遭就大不相同。因此，我們只很清楚六個月後想在哪裡，很清楚三十年後想在哪裡。每六個月過去，我們會再檢視三十年後想在哪裡，從而為接下來這六個月做計畫。」雖然往後幾年臉書也許會調整「六個月」和「三十年」的區間設定，但背後精神不變。你要釐清宗旨，以便看見三十年後的樣子，然後為接下來這半年擬定具體計畫[8]。

宗旨的改變

雖然作業系統的改變完全不呈線性，但我們發現其他主題常跟清楚的宗旨密切相關。比方說，如果我們沒有清楚目標就貿然分配職權，有些人可能會漫無目標地濫開專案，導致意外狀況，甚至搞得亂糟糟。因此，你不能這樣展開改變，而是要確定所有相關團隊、部門或整個組織清楚知道整體宗旨。

宗旨的提問

下列問題可以拿來問整個組織，也可以拿來問個別團隊，激起大家討論當前現狀與可行進展。

- 我們存在的理由是什麼？
- 如果我們成功的話，會有什麼不同？
- 我們服務的對象是誰？顧客或用戶是誰？
- 我們的工作別具什麼意義？
- 哪些評量數值有助於引導我們？
- 宗旨如何協助我們下決定？
- 我們在追尋目標之際，不願犧牲什麼？
- 我們的宗旨可以改變嗎？如果可以，如何改變？

＊正向待人如何落實在這個主題上？

體認到幹勁關乎宗旨、意義和歸屬感，花些時間討論每個人的天職，設法跟組織整體的宗旨加以結合。

＊錯綜意識如何落實在這個主題上？

明白宗旨會形塑我們，而我們也會形塑宗旨。宗旨促進一致的行動，所以能保障自由和自主，但依然是大家的事。當我們學習和成長，宗旨也可能改變。

職權 ▪ AUTHORITY

我們如何分享權力與做決定；

有權展開行動或叫大家跟進。

當你進入骨董組織，背後預設是除非獲得許可，否則無權去做。這源自一個控制理論：消除風險的最佳方法是服從。起初這很順理成章，早期大家手忙腳亂地讓生意站穩腳步，如果成功的話，公司會想保護自己，方法是把做法、政策和架構加以標準化——找出**單一最佳方式**，訂為標準做法。繁文縟節愈來愈多，最終事事得由三個主管核可，有趣的做法難以出現，只有資深主管能自由行事，不然就剩不怕丟掉飯碗的員工能放手一試，至於其他員工連解決自己問題的權力都沒有，無能為力，以致冷漠無感，士氣消沉低落，三不五時犯錯。繁文縟節變得更多，綁手又綁腳。犯錯與失敗的故事流傳，公司文化變得害怕犯錯。底層覺得高層誰也不信任，高層覺得底層得更聽話才行——**一切都該規範**。

與此同時，西雅圖的電玩遊戲開發商維爾福公司（Valve）屢屢締造佳績，推出重新定義產業的產品和平臺，憑約四百個員工達到十億美元以上的營收，論人均營收簡直冠絕業界，而這些成就全來自非傳統的職權分配。維爾福公司允許員工自己決定想做什麼，沒有主管，沒有報告要交，沒有人在後面監督，只有靠「用腳投票」選擇自認值得投入時間的專案。大家沒有正式職稱與職務，員工手冊只提出兩個在網路上很出名的重點[9]。第一，每個員工得協助公司招兵買馬，找高手加入行列；第二，所有辦公桌都有輪子。背後訊息很明顯：去找有意義的事情做吧。

進化型組織確保每個人得以自主，能自由協助公司追尋宗旨。背後預設的是，除非特別禁止，否則你什麼都能做。我們是從信任出發，不是把權力集中在少數主管身上，而是**盡可能**分散於底下的團隊和個人，亦即實際上陣的人。團隊為自己的工作負起全責，也為工作方式負起全責。無論是一行程式碼或大規模設備採購，只要有礙於工作，他們可以設法改變。這有賴於新的決策制定方式，每個成員、角色和團隊先花時間定義各自的決定權，再善用宗旨、原則、同意和建議來確保所做的選擇明智與周全。無論是**由誰**做決定，還是**如何**做決定，皆屬你們作業系統的要件，不能交由運氣決定。

不過員工也需要達到很高的要求，具備成熟心態和高度專業。滿違反直覺的是，自由能促進學習，學習則促進良好的表現。相較之下，當人人聽令行事，自然需要有人推一把。當初軍官馬凱特（David Marquet）接掌核子潛艇聖塔菲號時，這艘潛艇在全艦隊裡表現最差，但他矢言絕不發號施令，只跟大家分享他對聖塔菲號的願景，每當士兵請他下命令，他總問：「**你**打算怎麼做？」起先他們手足無措，畢竟先前從沒被問過意見。後來他們逐漸變得有備而來，懂得回答：「報告，我打算讓聖塔菲號下潛。」馬凱特簡短答覆：「很好。」在他的領導下，大家學著自行思考，得到自由，擔起責任。之後幾年，聖塔菲號從最糟變成最好，替潛艇的運作與維護立下標竿[10]。

有多少人，在多少位置上，缺少把工作做好的職權呢？在日新月異的世界裡，如果公司不讓人員下判斷和做決定，可就反應不及了。最近有客戶跟我說，他們公司的一項計畫需要由十六個人簽核才能實行，可見我們對「風險管理」多麼不可自拔。這類公司並未體認到，**真正的風險**是官僚體制導致窒礙難行。

思考挑戰

失敗的自由。我遇到的大多數領導者認為，他們的工作是**確保事情完美執行**。錯誤不得發生，失敗十惡不赦，於是我們花大量經驗（和精力）讓團隊如同上好油的機器。唯一的問題在於：他們不是機器。反之，他們是會調整的錯綜系統，是人類系統、在這個快速變遷時代下的寶貴資產。我們若把注意力都擺在執行，就限制了系統成長的潛能。我們讓自己不可或缺，團隊與組織就失去彈性。在錯綜的世界裡，我們的工作不是追求完美，是打造持續學習的公司文化，而這有賴於放手。我的客戶一聽，當然通常是回答說，他們不信任團隊能做好決定與事情，但我提醒他們：要嘛他們錯了，團隊其實遠比所想的能幹；要嘛他們對了，那還不趕快撤換團隊。兩者擇一。他們不該老是不信任團隊，患得患失，而是該大膽做出決定，看是要信任團隊，還是撤換團隊。

政策要最少。自由度要最高，政策就要最少。福萊德（Jason Fried）和漢森（David Heinemeier Hansson）是貝斯肯軟體公司（Basecamp）創辦人，他們在《工作大解放》（*Rework*）警告說，個別事件很容易逐漸導致官僚體制：「政策是組織的傷疤[11]，對不太可能再發生的狀況過度反應，對個人的罪行嚴加懲罰。」這是按特例而非規則來管理公司。在貝斯肯軟體公司，他們只在某個壞事**反反覆覆**發生時才制定新政策。你要問自己，你能怎麼訂出最少的政策，既保護公司，也維持學習、做事和判斷的彈性？

決策紀律。這是骨董組織出乎意料的一大矛盾：他們嚴格限制**由誰**做決定，卻不太管**如何**下決定。行為經濟學家、心理學家、賽局理論家和其他學者已經很知道如何妥善決策，我們能以他們的各種理論為基礎，採取更有紀律的決策方式，包括如何定義決策空間、如何定義決策大小、參與的成員、決定的方法，以及如何衡量決定等等。你不妨花點時間研究決策科學，下次需要做大決策時，就有很多方法任君選擇。

職權的實行

吃水線。Gore-Tex 材質製造商戈爾公司挑戰了傳統的職權架構，成為很著名的例子[12]。他們有兩大指導原則：一為**承諾**（我們不是分配任務，而是各自做出承諾，然後認真投入），一為**吃水線**（戈爾公司的所有人在做可能「低於吃水線」的動作之前，亦即可能嚴重危害公司的動作之前，必須跟了解的同仁諮詢討論）。這兩個原則都反映戈爾公司的運作哲學，尤其吃水線是很有力的隱喻。船身的吃水線上方如果有破洞，船仍安全無虞，航行無礙，但「吃水線下方」的洞不然，很可能導致沉船，後果無從挽救，所以戈爾公司運用以下扼要介紹的**建議流程**，協助同仁做艱難的決定。你可以在你們公司設定吃水線：哪種決定人人可做，不必諮詢別人？你願意完全下放多少職權？你要清楚提出，然後當同事來問吃水線上面的問題，你可以直接叫他們自行決定就好，問他們打算怎麼做。

建議流程。明顯**低於**吃水線的決策呢？風險很高的決策呢？一個方法是把決定權交給特定的人員或角色，但通常更有力的方法是建議流程。在許多進化型組織，人人能做重大決定，但首先得諮詢那些有相關經驗或會被影響的同事，好好坐下來，討論這個決定的影響。這得花時間，需要紀律。建議流程若要管用，做決定的人必須虛心求教、願意真正傾聽建議，而給建議的人必須不在意建議是否受採納。這不是利害關係人管理，得把幾十個主管擺平，做到面面俱到；這只是提供建議，如此而已。當做出決定之後，需公開背後的思路和論據，以便其他人從中學習。這個流程要是得當，參與者會感到獨一無二的自主和責任。

同意流程。超過五十年前，全員參與制在荷蘭付諸實行。艾丁伯格（Gerard Endenburg）把這個概念帶進企業，發覺**全體共識**既不可能達成，也並未反映自我調整系統真正的運作狀況，所以他轉為把**同意**當成企業與社群的管理原則。他認為，舉凡協議、規則、角色、架構和資源等各種政策的決定，需經過受影響者的了解與同意始得敲定。有意思的是，全員參與制下的成員也許會同意採用其他決策方式，包括把決定權分派給特定個人、團隊或代表。多年下來，艾丁伯格的這套方法經過實行與改良，由全體共治制的發明者們修改為**整合決策法**（Integrative Decision Making），架構更為嚴謹，包括一連串「回合」，如同處理提案的演算法，特別強調參與和前進。最後一回合是突破：反對者不能只是否決，還要設法把提案修改為**可以一試**。這流程起先可能很慢，畢竟我們得破除某些壞習慣，但各團隊會逐漸上手，變得能迅速做出許多決定。要記得，這套方法的發明者建議納入一位協調人，以利流程順暢進行，所以你不妨找一位鎮得住大家的團隊成員擔任這個角色。

整合決策法

(1) **提案**。請一個團隊成員描述他們正設法解決的「難題」，然後給出提案或建議。提案人好好闡述，大家洗耳恭聽。

(2) **釐清**。讓每個參與者有機會提問，以求更了解提案。大家輪流提問，提案人一一回答，其他人洗耳恭聽。

(3) **反應**。讓每個參與者有機會反應，也許提出改進提案的建議。他們可以暢所欲言，提案人會得到意見回饋，但得等下一回合再回應。

(4) **調整**。根據提問和反應，提案人也許會修改提案（或不改），釐清大家覺得不清楚的地方。如果提案人根據大家的回饋想捨棄這個提案，可以選擇取消。

(5) **同意**。讓每個參與者有機會提出反對意見——如果有的話。反對意見的定義是「這提案為何可能不宜嘗試，甚至唯恐對團隊或組織造成不可逆的傷害」。這裡的目標是前進——朝解決最初的問題，跨出安全的一步。

(6) **整合**。請反對者跟提案人一起修改提案，改得更小巧、更迅速、更完善或更便宜——看怎樣能讓雙方都同意。當所有反對意見處理完，提案就此成立。恭喜，你們攜手做了一個決策！

決策組合。上述方法，從吃水線到同意流程等等，都關乎定義組織裡的決策權。我常把這些方法合稱為決策組合。以下是創造（或精進）決策組合的簡單流程，請找團隊的所有成員一起試試看。

(1) **角色**。詢問：我們各自扮演什麼角色？試著超脫職稱，盡量深入一層，列出角色名單並稍微描述。

(2) **吃水線**。詢問：我們能不經建議或許可就做哪些決策？盡量想出愈多答案愈好，然後全員一起討論。這些決策有什麼共通點？財務風險和社會風險在定義安全時扮演什麼角色？記下你們的觀察和見解。

(3) **建議流程**。詢問：何時該尋求建議？藉助上面的概述，定義出合乎你們公司文化和脈絡的建議流程。具體界定尋求建議者和給予建議者的條件，列出你期望在建議流程下看到的各種決策。

(4) **同意流程**。詢問：哪些決策必須先經過同意？想出務求整合不同觀點的決策類型，例如政策或架構的重大改變就是其中一種。釐清你們是想用整合決策法，還是別種同意流程。

(5) **角色之權**。詢問：哪些決策只有某個特定角色能做？想出該交由具專業、經驗或其他資格者做的決定。花些時間依角色列出各自的決策權，方便日後查看和修改。

(6) **最佳化**。詢問：我們能簡化嗎？思考上述的各類決策，設法增加吃水線以上的決策數量與種類，增加適用建議流程的決策數量與種類。最後，花點時間尋求大家對整個做法的同意，等大家都同意後，就能繼續上路了。

職權的改變

多數公司文化的問題不在於缺乏革新的原則和做法，而是在於無法擴散開來，原因是多數團隊不認為能主宰工作方式。舉凡他們扮演的角色、參加的會議和使用的工具，一切出自上頭的規定，加諸在他們身上太久。在你一頭栽進大幅改革之前，不妨先給予團隊做些小改變的權力，成效是很驚人的。

職權的提問

下列問題可以拿來問整個組織，也可以拿來問個別團隊，激起大家討論當前現狀與可行進展。

- 職權如何分配？
- 誰能告訴其他人怎麼做？

- 我們會做哪些決策？
- 我們如何做重大決策？
- 我們如何面對風險？
- 哪些決策安全到可以一試？哪些則否？
- 哪些決策權是所有成員都有的？
- 哪些決策權只給特定角色或團隊？

＊正向待人如何落實在這個主題上？

體認到自由和自主能增加動力。創造一個能安然嘗試與失敗的環境，團隊會大幅學習與成長。

＊錯綜意識如何落實在這個主題上？

體認到我們是身在瞬息萬變的錯綜世界，集中式管控太過遲鈍，不符現實。把職權交到握有資訊的外圍第一線，以便團隊持續調整和前進。

架構 ▪ STRUCTURE

我們如何組織並進行團隊合作；組織結構；組織裡有哪些正式、非正式和創造價值的網絡。

幾年前，海爾集團（Haier）執行長張瑞敏擔心團隊反應太慢，而且離顧客太遠。網路改變了他們的產業，唯有善於調整的公司能存活下來。因此，他把這家他在一九八四年創辦的企業拆開，但不是藉由析產分立和私募股權，而是靠一套稱為「人單合一」的革新架構，涵蓋職員、團結、系統意識和用戶價值。他在《策略與經營》（*strategy + business*）雜誌說明這個模式：「企業從封閉系統變為開放系統，由自我管理的微型企業所構成的網絡，彼此之間自由溝通無礙，以創意和外部因子交互串聯。職員原本是執行上頭交代的命令，如今變成自發做出貢獻，在許多時候自行挑選團隊成員，選出團隊負責人[13]。」

在實行面，海爾集團把將近六萬個員工改組為兩千個「自主經營體」，各自為損益狀況負全責，充分發揮創意與能力，開發產品並交到顧客手中。團隊負責人是由成員選出，成員則隨業務和技能改變而靈活遊走於不同團隊之間。張瑞敏不僅成功改變了海爾集團，還在二〇一六年收購奇異家電（GE Appliances）時把這套「人單合一」模式移植過去，儘管最初稍遇阻礙，成果卻有目共睹，奇異家電的營收和獲利原本一連衰退十年，卻在二〇一七年分別增加六％和二〇％，重整旗鼓東山再起。如今海爾集團是全球最大、成長最快的家電公司，靠這套非傳統架構在難以捉摸的市場裡蓬勃發展[14]。

一般來說，在公司創立初期，全公司只有一個團隊，大家群策群力，也許能力不同，經驗各異，但靈活支援合作，視需要參與或退出不同任務。可是等公司闖出名號，工作負擔變得太重，我們需要招募更多人手進來，突然間很難再掌握各自的任務，分工變得專精，於是我們開始界定角色，你是財務長，我是商務長，諸如此類。角色逐漸變成運作方式，運作方式變成一座座獨立的「穀倉」（silo，即獨立系統或部門）。我們必須**攜手**才能把事情做好，所以各專案通常需要一大堆溝通協調。當溝通協調愈趨棘手，我們開始依賴各種命令與控管，為了讓組織架構運作更順暢而失去了創業精神。現在人人必須向主管彙報，主管再向主管的主管彙報，再向主管的主管的主管彙報。

公司規模愈來愈大，我們開始跨足國際，在其他國家成立新團隊，卻逐漸發現許多地方的團隊一模一樣，多浪費人力啊！於是我們推行中心化和流線型管理，由一位負責人帶領。如果不請益某某某，事情就不能做。的確，這樣較慢，阻礙處處，但你看我們多有效率啊！就這樣，我們執迷不悟，悶著頭幹，然後有一天抬起頭來，發現公司變成複雜的矩陣式官僚系統，一磚一瓦由我們自己親手堆砌。組織架構陷入遲鈍與平庸。

但我們其實能渴望組織網絡展現動態與活力，不會差好萊塢太多。這種系統的人員能自由安排不同專案，重組不同專案，抓住機會提升自我，同時**在許多地方扮演多種角色**，在網絡裡維持有意思的各種人際關係，反映所有組織陰影底下的人際架構。我們看見的不再是中央控管，而是去中心化與聯邦化，一個個團隊運作得如同網絡裡的「細胞」，各有自己的使命與用戶，才華與資訊自由流通。整個組織逐漸像是市場，而不是組織結構圖。的確，階層依然存在，卻是名聲、影響力和工作本身的階層，混亂而動態，不是壁壘分明。

思考挑戰

三個架構。作家弗拉金（Niels Pflaeging）自稱是「管理驅魔師」，深諳組織的固有內部，提出很別開生面的觀點，認為每個組織都有三個架構。第一個是正式架構，即階層的架構，純粹為了要人員遵循規定而存在，畢竟各種組織都需要掌控、運作與問責。第二個是非正式架構，即影響力的架構，在組織結構圖背後的人際網絡，始終存在，通常在幕後把事情搞定。最後是創造價值的架構，即名聲的架構，大概最不為人所了解，原因是多數公司把正式架構和價值創造混為一談。當我們提及新的組織方式，提及進化型組織的內部運作，正是在談創造價值的架構。這三個架構始終存在，唯一的問題是發展方式和強調方向。說到底，架構關乎權衡。當我們混淆正式架構和價值創造架構，組織最終會無比強調管控，犧牲速度、學習和合作[15]。

中心化與去中心化。任何大企業人員都很熟悉中心化與去中心化之間的擺盪，幾乎每個計畫和運作都這般來回擺盪。舉銷售為例，在去中心化下，第一線人員很活躍，既變化多端，也互相模仿，兩個地區競爭同一筆生意，各種銷售材料令人眼花撩亂，這隻手不知道那隻手在幹嘛，天啊！於是我們設法中心化：全球採用同一套銷售方式，大家排成一列、井井有條。但這樣一來，我們變得遲鈍，缺乏變化（也就很少創新），缺乏因地制宜，缺乏量身訂做，顧客可不開心。於是我們又開始去中心化；反反覆覆。不過，其實我們可以不過度反應，靠理論細微調整。在錯綜的世界，去中心化有很多好處，但我們又需要保持一貫，因此可以善用公開透明、社群壓力和組織原則：我們能訂立哪些簡單規定，讓去中心化的職權與功能長期運作良好？當中心化顯得有道理，比如某些軟體平臺或共享數據資源等例子，我會以一個提問來釐清自己的立場：哪個架構讓我們反應更快，靈活調整？無論那是中心化、去中心化或兩者之間，總之就是我的選擇。

功能與整合。如同前面新創公司的例子，如果你不小心避免，組織最終會出現很多各行其是的「穀倉」。可惜各種中心化功能難以應付錯綜的世界，太過遲緩，太過脫離現實，而且工作與誘因不符。另一個方法是功能整合，建立團隊時，團隊要有愈多功能愈好。博祖克照護公司的總部如此之小，如何支持一萬四千名照護人員？很簡單：團隊很多事是自己來。舉招募為例，誰會比團隊成員更能妥善招募與面試新成員呢？他們遠遠更清楚新成員需要有什麼技能與特質。銷售和服務也是如此，統統如此。進化型組織偏好由十到一百五十人組成自主的單位或「細胞」。戈爾公司在規模擴大時，實行某種細胞**分裂**，當工廠的人員超過一百五十人，他們就在旁邊蓋另一間自給自足的工廠。大企業常嚮往過去只有八十個員工的輝煌時光，那時什麼鳥事都搞得定。多數大企業似乎忘記的是，我們可以運作得像是一個個部落，各自獨立，卻也熱情地服務顧客和彼此。

從一個到許多個角色。一個有趣的事實是：世上沒有執行長這種東西。沒錯，很多人冠上執行長的頭銜，但那不是一個角色，而是許多角色，一部分是招募員，一部分是發言人，一部分是董事會助理，一部分是募款人，一部分是人生導師，說也說不完。上次我大概拆解成十五個角色左右。幾乎任何職位都是這樣，職稱掩蓋掉背後錯綜的各種角色，使我們難以自由出入於角色之間，難以自由形塑角色。相較於此，我們該把組織想成有各種角色的豐富網絡，任何人皆能加以填補與形塑。別把自己（或別人）局限於固定的職稱裡，而是體認到你已經在許多位置扮演種種角色。

架構的實行

SLAM團隊。打破僵化組織的一個熱門方式是成立許多任務導向型團隊。我喜歡稱為SLAM團隊，四個字母分別代表自主管理（self-managed）、精實（lean）、大膽（audacious）和多重專業（multidisciplinary）。實務上來說，這種團隊為組織追尋**大膽**目標，有權做主，不受妨礙地放手做事，沒有評鑑，沒有外部主管的干擾打斷，得以**自主管理**，而且還很**精實**，亦即小到可迅速行動，但也擁有**多重專業**，具備達成任務所需的所有（或大多數）技能。公司裡引進這類團隊，等於朝適應型架構邁進一步，直追海爾集團等進化型組織，反應時間更短，人員高度投入，工作成果出色。

動態組隊。找出時常異動的團隊，改成動態雙向組隊。規則很簡單：團隊有權以同意流程增減成員，成員能依適當理由決定加入或離開。此外，成員還能擔任不同角色。空缺的角色清楚公開，大家能藉由跟其他團隊成員討論來「申請」角色，說明自己有辦法做出什麼貢獻。這些沒有正式流程，只是雙向尋找合適人選。

架構的改變

架構常關乎權力，所以主管（尤其中階主管）可能不太願意做唯恐危及自身位置的改變，只會忙著問自己：「如果我不當副總監，還能做什麼？」「如果我把權力分出去，我還剩下什麼？」但當他們領悟到不妨以管控換取參與，可就豁然開朗。他們不必固守組織結構圖的某個位置，而是擔任各種角色，擁有直接而非間接的影響力，拿權力換得尊敬，從貼近工作中再次發現樂趣。

架構的提問

下列問題可以拿來問整個組織，也可以拿來問個別團隊，激起大家討論當前現狀與可行進展。

- 我們如何描述現有的架構？
- 產品、服務、地理、功能、技能和顧客是如何呈現於架構裡？
- 何謂中心化？何謂去中心化？
- 我們的架構在哪裡很固定？哪裡很靈活？
- 現有的架構在哪裡造成問題？
- 對我們來說，理想的架構是什麼樣子？我們能期待看到哪些好處？
- 在團隊裡，我們如何決定角色和責任？
- 我們的架構如何逐漸學習與改變？

＊正向待人如何落實在這個主題上？

體認到如果環境對的話，人就有辦法管好自己。簡單規定團隊的組成與更替方式，然後讓大家按能力和喜好選擇團隊。

＊錯綜意識如何落實在這個主題上？

要讓架構能適應變化，確保團隊在外圍接觸市場而非擺在中間，允許團隊每隔幾年持續重組而非一成不變，必要時具體釐清架構但保有更動空間。

策略▪ STRATEGY

我們如何擬定計畫與區分優先順序；找出關鍵因子或疑難雜症加以克服。

企業家威廉斯（Ev Williams）認為網路壞掉了。推特（Twitter）由他與夥伴共同創辦，如同各種行家的線上俱樂部，卻也充斥網路酸民、厭女噁男和愚蠢垃圾。臉書滿是騙讚貼文、迷因哏圖和假新聞。數位媒體一個比一個更秀下限，無腦和聳動的爛玩意兒點閱率居冠。對此現象，威廉斯的回應是推出線上出版平臺 Medium，試圖助我們拯救自己。二〇一二年 Medium 上線，他直言為什麼這平臺很重要：「現在這個系統導致愈來愈多的錯誤資訊……而且讓人不得不狂貼一大堆很廢的內容——深度、品質和原創性都毀了。這種模式對生產者和消費者都無以為繼，令人不滿……所以我們需要新的模式。」

Medium 正是那個模式。這平臺從一開始就顛覆幾乎所有線上出版的習慣做法，不是找一堆職業作家，而是人人可以發表；看重的不是數量，而是品質。平臺上沒有騙人點擊的東西，只有深思熟慮的文章，標題諸如〈「應該」與「必然」的交叉口〉和〈設計的失落世代〉。你看不到任何吸睛花俏的東西，只有網路上最乾淨與優雅的閱讀介面。演算法和編輯室不是把所有文章一古腦塞給你，而是讓高品質好文被識貨的讀者看到。沒有點閱數這種東西，但有顯示總閱讀時數。這平臺像是瞎了眼，硬要跟大家反著幹。

結果呢？用戶出現了。到二〇一六年末，這平臺有六千萬個每月造訪的訪客，大家共花四百五十萬個小時讀文章[16]。然而幕後有計畫正醞釀。一年還沒過，Medium 決定資遣將近三分之一的員工。威廉斯在簡短的聲明中說明原因：「經過深思之後，事情很清楚，壞掉的是只想賣廣告的網路媒體。這些媒體不是在服務大眾，他們根本沒這打算。我們所有人每天接收到的大多數文章、影片和其他『內容』，是由企業為自身目標直接或間接資助的，媒體只是想讓企業多掏錢而已。句號。所以……所以就是現在這樣子，而且還愈演愈烈[17]。」於是現在 Medium 多了更違反直覺的策略：移除廣告，而且有些付費內容只有會員看得到。新策略公布後，有媒體以〈艾夫．威廉斯真他媽瘋了〉為題報導。然而看不清全局的人總是這樣說。Medium 新的成長目標是在二〇二二年之前增加到一千萬個付費會員。如果成功的話[18]，Medium 的內容預算將相當可觀，大於所有你講得出的雜誌的總和。當然，這策略開始聽起來有點耳熟吧？Medium 是否能成為文字版的 Netflix？一家相信「選擇有腦，拒絕無腦」的公司是否真能成功？我們拭目以待。

當然，策略通常不是為了提升智識，而是為了主宰市場，關於**從哪出招**與**如何獲勝**。可是在進化型組織裡，有時很難區分到底是「為了**策略**而做某件事」，還是「為了**做對的事**而做某件事」。當星巴克特地關門，讓員工上反種族歧視的課，這是基於**策略**嗎？戶外用品連鎖店REI決定在黑色星期五關門呢？戶外用品品牌巴塔哥尼亞（Patagonia）刊登全版廣告，頂上說「別買這件夾克」[19]，然後介紹一項舊衣修補、重複使用和回收的計畫，這是基於策略嗎？除非我們潛進他們的董事會議，否則很難確定。當宗旨至上，合乎宗旨的都是策略，儘管乍看不符商業思維，然而市場有時還是會獎勵這些行為。歡迎來到後資本主義的錯綜經濟世界。

策略不談價值觀，而是找出影響甚大的**關鍵**因子，決定如何善用手邊資源，盡量提升成功機率。策略就像企業宗旨，具有多重層面，滲透到許多階層，所以一致與連貫很重要。Amazon Prime的免運費就是很聰明的策略，解決了網購主要的阻礙——運費，然而這個策略也仰賴其他著重市占率、購物車大小和物流效率的策略。有些權衡個別來看很聰明，搭配起來卻可能是災難。正因如此，策略間的溝通對話跟結果一樣重要。我們若能盡量增加想法的多元程度，讓不同觀點衝突與激盪，則遠遠更可能做出進步且連貫的選擇，符合我們的宗旨，無論那是什麼宗旨。

骨董組織面對策略有兩個弱項。他們不太會做Medium、特斯拉或蘋果天天在做的那種大膽取捨。基於想當「龍頭」，他們試圖討好所有人，什麼都做，哪裡都去，但不觸犯任何人。然而好策略關乎找出關鍵（且通常具爭議）的因子，定義某個領域的未來。黑莓機愈做愈精良是好事，但如果大眾轉移到觸控螢幕，黑莓機就沒意義了。雖然我們常認為這是執行長的工作，但這類違反直覺（且必然不得人心）的點子通常就隱藏在組織裡，有待發掘。此外，許多組織忘了宗旨和策略其實密切相關。如果你沒有崇高願景，沒有超乎股東價值的理想，策略再好也沒用。如果我們不知道勝利長什麼樣子，又豈能獲勝？

思考挑戰

狂擺標的與確切標的。撇開思想家塔雷伯（Nassim Nicholas Taleb）的政治立場和壞脾氣不談，他在《黑天鵝效應》（*The Black Swan*）裡提出非常寶貴的概念——槓鈴策略。這個財務策略以分配風險的方式而得名：把風險分配到兩個極端，八五到九〇%的資產必須非常安全，剩下的資產則投入風險極高的投機標的。理由是「確切標的」讓表現至少有低標，限制住下跌的風險，而「狂擺標的」可能帶來翻轉人生的高額報酬。這策略也能運用於組織裡。你的專案組合大概呈鐘型曲線，但也可以是槓鈴曲線。舉「我們共享辦公公司」（WeWork）

為例，該公司的核心業務是辦公空間出租，現在有四百多個地點，提供充滿活力的辦公社群環境，但除此之外，還冒險開發幾個不尋常的事業：讓客戶一起生活的「我們共享居住服務」、豪華的「竄升健身房」，以及「我們成長私立學校」。如果這些事業垮了，天不會塌下來，但如果其中一個成功，他們就飛上天了。

小心留意目標和關鍵成果。「目標和關鍵成果」（Objectives and Key Results）是個滿好用的概念，由風險投資家杜爾（John Doerr）引進谷歌等矽谷巨擘。基本概念是每位組織成員該設定本季的策略目標，然後細分為數個可以衡量成功與否的關鍵小目標。這是加入現代概念的目標設定法，不容易達到（以免故意降低目標），而且透明公開（鼓勵合作和理解）。這裡有兩點要注意，首先還是古德哈特定律：一旦設定目標和關鍵成果之後，會想方設法達到，甚至採取不利組織的方式。品管大師戴明說：「如果一個人有些目標，而且飯碗取決於達成目標，那麼他大概會千方百計達成，即使毀掉公司也在所不惜[20]。」第二點是許多公司試圖靠目標和關鍵成果達成由上往下的管控，確保每個下屬的目標和關鍵成果符合上司的目標和關鍵成果。這感覺像是群策群力，卻抹除了多方探索與意外收穫。在健康的系統裡，想法不會原原本本從上面往下灌輸。我們需要反叛的人，需要大膽振翅的人，不用太多，但要夠多，而由上往下管控的系統很容易忘記留空間給他們施展。

迅速學習。在真正充滿變動的市場，所有致勝策略有一個共通之處：渴求迅速。或者更具體來說是，渴求迅速**學習**。一九五〇年代，飛行員兼軍事戰略家博伊德（John Boyd）提出OODA循環，包含觀察（observe）、定位（orient）、決定（decide）與行動（act），以此解釋戰機飛行員是如何在激烈戰場持續處理資訊。關於OODA循環，F-16戰機主設計者希拉卡（Harry Hillaker）說：「時間是關鍵變量，以最短時間完成OODA循環的飛行員能稱霸戰場，原因是他的敵手還忙著回應已經改變的狀況[21]。」時間拉回現在，科技巨擘正把這一套付諸實行，如今亞馬遜每秒平均進行一個以上的軟體部署[22]。在創業家霍夫曼（Reid Hoffman）的播客節目《擴張大師》（Masters of Scale）上，臉書創辦人祖克柏（Mark Zuckerberg）分享臉書如何每天變得更聰明：「任何時候都不止一個版本的臉書在跑，而是大約一萬個。公司裡所有工程師基本上能自行決定想測試什麼東西。敏感的東西會有些規定，但他們可以推出一個臉書版本，不是給整個社群用，也許給一萬人或五萬人用，反正看怎樣能好好測試[23]。」你是否同時有一千套產品在跑？未來是在好學的人手中。

策略的實行

「甚至重要過」宣言。優先事項的問題在於我們有太多事項。「priority」（優先事項）這個單字在一九〇〇年代之前甚至沒有複數形，只是指「第一要務」。可惜當你把每件事列為優先事項，等於什麼也沒列。你既想要開銷超低，又想要品質超高，但魚與熊掌很難兼得，有一得常有一失。相較之下，〈敏捷軟體開發宣言〉是用「**重要過**」一語，例如「因應變化**重要過**依循計畫」，明確道出開發好軟體的權衡取捨。最近全體共治一號公司（HolacracyOne）共同創辦人湯米森（Tom Thomison）介紹「甚至重要過」宣言給我，這是一種策略，點明雖然我們很看重句子後面的東西，但**更加**看重句子前面的東西。比方說，亞馬遜可能會說「市占率甚至重要過利潤」，表示雖然獲利很重要，但此時此刻寧可把錢投資於確保市場龍頭地位。好的策略宣言是**雙向**的——一件好事重要過另一件好事。我的前同事哈斯尼（Jordan Husney）做了出色示範，替他蓬勃發展的軟體事業寫下兩組策略宣言，互相對立，擇一為真，重點是各自言之成理，所以涉及真確的權衡[24]。

小公司甚至重要過全球企業
用戶成長甚至重要過營收轉換
保持新註冊數甚至重要過保持原用戶數
桌機體驗甚至重要過行動體驗

或是：

全球企業甚至重要過小公司
營收轉換甚至重要過用戶成長
保持原用戶數甚至重要過保持新註冊數
行動體驗甚至重要過桌機體驗

每九十天之類，集合團隊一次，想出你們自己的策略宣言（或檢視既有宣言並更新），想一想如何排定優先順序，是否忽略了什麼重要的權衡取捨？有什麼不清楚之處，可再清楚闡明？理想狀況是各階層都想過：組織、團隊，甚至個人皆然。切記，壞的策略宣言只有無傷大雅的權衡，甚至忽略任何取捨；好的策略宣言則在做艱難決定。至於絕佳的策略宣言呢？所做的取捨相當大膽，別人一看會說瘋了，但最終獲得出色成果。

情境規劃。你的宗旨很清楚，關鍵目標很明確，並時常微調。有了這些方向，大家可以「用腳投票」，投入最重要的專案。你的**「甚至重要過」宣言**形塑上千個小決定。這時你自然想問，我們還需要計畫嗎？需要，但不是在說**必須**達成什麼，而是**可能**達成什麼。藉由情境規劃，我們能看到原本也許不會考慮的可能性，所以情境規劃只要運用得宜，即為對抗各種不確定狀況的方便利器。首先，你找來一群盡量迥異的人員，請大家腦力激盪，想出各種未來狀況或可能情境，加以匯總，然後討論其中的要素，提出避開或減緩的方法。你要仔細留意大家是否太快就貿然跳過哪個環節——即備遭忽略的黑天鵝，一旦爆發就為時已晚。切記，我們不是在預測未來，這不是在發揮錯綜意識，而是在未雨綢繆，預先準備，防患於未然。天有不測風雲，意外總會發生，但屆時大家不會那麼意外，ＯＯＤＡ循環很短，你要準備好展開因應[25]。

紅隊。隨著公司變大，區分「策略」和「現況」可能逐漸變得困難。我們的業務之所以擴及六十個國家，是因為這是我們賴以成功的關鍵嗎？還是說，純粹是因為我們併購了滿多外國公司呢？企業經營愈久，組織負債可能愈高，導致創新不易。學者克里斯汀生（Clayton Christensen）自創「創新的兩難」一語，說明為何現有企業很常被新創公司或意外對手殺個片甲不留。至於解決之道是設法組成**紅隊**，這概念源自軍方和情報單位，如今在商界廣泛應用，它負責一項任務：讓你的公司倒閉。你找一組同仁，請他們設計出能幹掉你公司的對手，你會愕然發現他們立刻摩拳擦掌躍躍欲試。你們公司的組織負債愈債臺高築，他們愈磨刀霍霍。現在你手上有他們設計的對手，眼前有兩個選擇：一個是實行當中最好的點子，改變作業系統；一個是成立這個紅隊公司，放手一試。選擇操之在你。

策略的改變

談到阻礙我們改造工作方式的元兇，其中之一是年度計畫。在傳統組織，年度計畫包括投入領域和致勝方針，涉及架構、預算、專案……無所不包。問題在於，我們花太多精力制定年度計畫，於是當作教義與真理，變成不容質疑的方向，導致我們不是在真實世界裡觀察與學習，各團隊難以改進作業系統。因此，你該揚棄年度計畫，改為**年度預測**，交由各團隊自行決定策略和運作，他們更有空間好好拚搏，充分發揮潛能。

策略的提問

下列問題可以拿來問整個組織，也可以拿來問個別團隊，激起大家討論當前現狀與可行進展。

- 我們現在的策略是什麼？
- 這些策略如何呼應公司的宗旨？
- 決定成敗的關鍵因子有哪些？
- 我們願意做什麼取捨？
- 我們如何設定、精進並翻新策略？
- 我們如何傳達策略？

- 每天要如何靠策略鎖定目標與掌握方向？
- 策略如何化為計畫？

＊正向待人如何落實在這個主題上？

體認到好策略取決於我們對當前發展的妥善認知。我們每個人各知道一點實際狀況，該靠好的討論與方法彼此交流，整合不同觀點，時常質疑策略的邏輯。

＊錯綜意識如何落實在這個主題上？

明白在這樣瞬息萬變的世界，學習與調整的能力要好，所訂的策略才會好。由於錯綜的本質是出人意料的，你得知道有效的策略也許會出現在意外之處、在違反直覺之處，突然間變得明顯可見。

資源 ▪ RESOURCES

我們如何投資時間和金錢；配置資本、精力、空間和其他資產。

瑞典商業銀行是百年企業，營運方式圍繞一個簡單概念：「分支是主幹。」這表示八百多個分行能自由做決定，包括借款、顧客、服務和行銷等無數方面。斯德哥爾摩的總部是為了支持並支援分行，所以不會加諸固定的目標，只有相對的目標，拿整體表現和市場平均相比，也拿各分行相比。重點是：瑞典商業銀行早在五十多年前就揚棄預算這回事了。沃蘭德（Jan Wallander）是一九七〇年代的執行長，執行去中心化的政策，在接掌公司前就看過許多預測偏掉，認為「預算要不就是還算正確，然後變得陳腐；要不就是錯得離譜，構成危害[26]」。瑞典商業銀行的替代方式是讓各分行持續對話，促進動態注資和即時花費。在這裡，你看不到高額的獎勵和紅利，而是看到厄克戈南基金會（Oktogonen Foundation）採取非常創新的獲利分享與股票發放措施，當瑞典商業銀行勝過競爭對手時，員工能分一杯羹。如今瑞典商業銀行超過一〇%的股票是由員工持有。四十多年來，瑞典商業銀行的獲利都高於業界平均。從我出生以來，瑞典商業銀行無比沉著地度過所有金融危機，屢屢化險為夷，而且過去十年是全歐洲提升最多股東價值的銀行[27]。

無論信念為何，所有組織務必決定要如何以手頭資源追尋宗旨。每一塊錢都是投資在**某樣東西**的機會——現有運作、嶄新計畫、外部投資、股東分紅、股份回購，甚至還有慈善捐款。人員每小時的精力也是個機會，可以投入於既有角色和專案、展開新專案、強化關係、培養新技能、歸零與重整等等。如果組織像是生物系統，資源就是氧氣。我們所做的每個選擇，也許讓這系統的可能性變多，也許讓這系統的可能性枯竭。

在我們看來，資源分配問題的解決之道是訂定預算。年度計畫與年度預算最叫人重視，卻也爭執不斷。如果有誰沒直接讀過麥肯錫的做法，這裡我來說一說：

(1) **商業計畫**來自事業單位與總部由上往下和由下往上的協商，假定接下來十二個月在內部和外部會發生什麼事。

(2) 公司「鎖定」一項能在滿足股東和照理可行之間平衡的計畫版本，為未來一年的**預算**打下基礎。

(3) 預算包括鉅細靡遺的銷售和獲利**目標**，還有對運作與投資的注資**承諾**。這些全靠精心設計的**誘因**支持，確保預算照計畫付諸實行。

(4) 在接下來十二個月，按預算密切檢視實際**表現**，任何**落差**歸因於團隊表現的「好」與「壞」。主管需消除表現上的落差，而且最好不用重新配置資源。從不認真考慮預算背後的假設是否不切實際。

(5) 該年進行到一半，即為隔年重新跑一次整個流程，工作負擔取決於既有計畫和預算的每日執行狀況。

相信你已經發現，這套方法有些問題。首先，編預算非常耗時。福特汽車公司曾估計，訂定計畫和預算的流程每年約花十二億美元[26]。你沒看錯，他們為了控制每年要花多少錢，所花的錢就超過加勒比海島國格瑞那達（Grenada）一年的GDP。我所合作的許多企業同病相憐，每年有一半的時間花在上述流程，而非真正做事。

預算也可能流於死板與遲鈍。在錯綜的世界裡，狀況瞬息萬變，但傳統的預算訂好就不變。也許市場整體不景氣，也許顧客偏好轉變，也許某個崛起的競爭對手打亂了你的訂價模式，就像瓦比派克平價眼鏡公司（Warby Parker）殺得傳統眼鏡公司措手不及，但你的年度預算無從做出因應。計畫是層層疊加，環環相扣，所以就算只是一點點更動都很棘手，需要一大堆相關調整，沒人想找麻煩。如果高階主管是按年度計畫進行管理，他們沒誘因協助不合的部分改變預算。系統不想隨機應變，只想按表操課。

最重要的是，預算可能不利於實際表現。學者莫里奇（Steve Morlidge）在《超越預算小寶典》（*The Little Book of Beyond Budgeting*）扼要解釋：「預算逼公司為相互競爭的目標給定一個金額，反而不利表現。目標需要延伸性，預測需要真實確切，預算則需要『緊一點』來限制開銷，所以一個預算數字不可能同時滿足三個方面[28]。」因此，各方都為自己搶預算。高階主管知道實際表現會打折扣，所以把目標訂高，以期達成需求。中階主管則知道上頭會逼他們把目標訂高，所以先下手為強把目標訂低。莫里奇進一步說：「營收目標可能變成天花板，因為沒有誘因去表現得更好；預算開支則變成地板，因為沒有誘因去花得更少。」

預算訂法已然失效，但很少公司敢於以更靈活變通與集思廣益的方法配置資源。幸好，只要我們願意放棄現代預算編法裡對掌控的假象，就可能做到靈活配置資源。

思考挑戰

全屬相對。如果骨董組織今年的目標是成長一〇%，也確實達成了，但整個市場是成長二〇%，那麼大家是否值得領分紅？超越預算協會（Beyond Budgeting Institute）會說不行。

這個協會旨在解決傳統預算制定的問題與弊病，找出以更彈性的方法「超越預算」的公司。該協會分析早期案例和自身經驗，提出一套替代方法，在概念上呼應並啟發了本書的許多點子。他們蒐集許多有違傳統的故事和做法，舉固定表現為例，他們的許多會員公司揚棄**固定**目標，改用**相對**目標。骨董組織也許會訂下明確的營收年成長率目標，超越預算協會則建議把目標訂為勝過競爭對手的平均表現。為什麼？因為萬一市場下滑兩成，生意卻持平呢？這簡直是奇蹟，但是按傳統做法沒人能得到獎勵。在起伏不定的世界，相對表現是唯一真正的基準，拿公司和公司比，拿團隊和團隊比，但你不必急著接下去說要拿個人和個人比。超越預算協會認為，沒有個人表現這回事，表現是團隊工作。

公有地「悲劇」。你也許聽過**公有地悲劇**，意思是我們分享一項公共資源，大家會按自身利益行事，於是把資源毀了。公司的冰箱是經典例子。**為什麼大家不把自己過期發臭的食物丟掉啊！是誰偷了別人的優格？**諸如此類。根據此理論，我們無法管好屬於大家的資源對吧？不，別驟下結論。歐斯壯（Elinor Ostrom）正是憑人如何成功（與不成功）管理公有地資源的研究，在二〇〇九年贏得諾貝爾經濟學獎。她發現成功的社群會善用她所謂的多中心管理（polycentric governance），她在喬治梅森大學梅卡圖斯中心（Mercatus Center at George

Mason University）受訪時說：「多中心管理的優點在於[29]，每個子單位甚具自主權，得以替特定種類的資源系統嘗試各種規則，對外部衝突有各種反應能力。在這種多中心系統的小型單位裡嘗試規則組合，民眾與官員能了解當地想法，在政策改變後迅速得到意見回饋，還能從其他平行單位學到經驗。」時至今日，這概念耳熟能詳（雖然有點偏專業用語）。當團隊有權（與意願）替自己試各種規則，可以找到方法一起善用資源、維護資源，如果「大家的錢」真是**大家的錢**，我們能為集體利益做出多好的運用啊？公有地悲劇是源於我們以為大家無法共享。

資源的實行

零基預算法。零基預算法（zero-based budgeting）源自一九七〇年代，質疑長年盛行的膨脹預算太過遲鈍[30]。此概念是從零開始建立預算，邊走邊質疑一切。在晨星公司，各事業單位提出下一年的計畫，同事以虛擬貨幣投資他們最喜歡的點子。由這個概念出發，以下是協助你了解風向的寶貴小練習：

(1) 讓團隊或公司成員在大會議室齊聚一堂，大家能自由走動。

(2) 在會議之前，大家一起列出每個進行中的專案、計畫和活動，加上大家希望下一季能實行的專案，寫在筆記紙或便利貼，整齊貼在牆上或擺在地上。

(3) 每個人得到虛擬的一百美元，可以是大富翁的錢、貼紙或信賴大家用筆畫。

(4) 現在請大家進行投資。如果下一季的計畫完全由他們一手決定，他們的決定是什麼？

(5) 當錢全花掉之後，大家討論當中浮現的模式，然後可以依討論內容調整各自的投資。

現在你面臨選擇：你會依群眾智慧採取行動嗎？

參與式預算法。在紐西蘭，一群關注社會影響的個人和公司攜手合作，組成E螺旋網絡平臺（Enspiral），大家彼此聘僱，分享知識，分享客戶，以及——最重要的是——分享這個生態系本身的所有權。這個社群成長之後，遇到如何投資自身資本的問題。由於該社群採取多元化和去中心，大家不易釐清哪些專案值得獲取資金，又該由誰決定。結果一組人跳了出來，開發了稱為「共同預算法」的全新工具來解決問題，讓大家能以透明公開的合直覺方式，提出新專案，加以討論，撥下資金。這工具背後有個更大的社會趨勢，稱為參與式預算法（participatory budgeting）。目前有二十二個城市採取這種預算制定法，民眾有權決定數百萬美元的經費如何運用，花在超過一千五百三十二個跟他們切身相關的專案上。為了明白這種預算怎麼訂定，你可以請團隊試一試共同預算法，下一季就付諸實行。你會看到大家變得更積極參與[31]。

資源的改變

我們所指導的團隊通常想及早改造預算擬定流程。我想原因在於這很累人與耗時。談到是什麼害我們無法發揮最好的工作表現，這一點**排名很高**。不過我的團隊對此通常持謹慎態度。訂預算和計畫是少數影響很多部門的動作，大多需廣獲同意才能推動革新。就算我充分掌權，通常也會先從團隊層級改變工作方式，準備就緒後再處理資源的事。

資源的提問

下列問題可以拿來問整個組織，也可以拿來問個別團隊，激起大家討論當前現狀與可行進展。

- 我們如何配置資金、精力、空間和其他資產？
- 資源分配是按年、按季或動態進行？
- 我們是否運用目標、預測、趨勢和／或寬容？若是的話，如何運用？
- 策略與計畫如何影響資源配置？
- 我們如何在短期資源與長期資源之間取得平衡？
- 我們如何在核心業務和創新發明的資源運用上取得平衡？
- 我們如何定義與衡量資源的表現？
- 我們如何靠這些方法因應內外變化？

＊正向待人如何落實在這個主題上？

體認到人不是資源，人就是人——能把時間和精力放在最能增加價值的地方。他們也能不靠固定目標，不需個人誘因，即展現出色表現。因此，用相對目標和獲利共享引導他們的行為吧。

＊錯綜意識如何落實在這個主題上？

明白你無法預測未來，提早一年決定錢該怎麼花實在很蠢，所以要盡量減少制定長期預算，並盡量增加可自由支配的資金。別管什麼年度預算之類的，而是根據即時資訊，動態配置資源。

創新 ▪ INNOVATION

我們如何學習和進化；

創造新東西；改造舊東西。

兒時，父親會跟我說：「兩個錯誤不會變出正確（right），但兩個萊特（Wrights）會變出飛機。」最能象徵美國人創新精神的故事，大概就屬萊特兄弟，他們在三年間做過無數嘗試，發明、打造並成功駕駛世上第一架飛機，雖然只飛了五十九秒和二百六十公尺，但當中用到的航空工程學——包括三軸控制的問世——至今仍與我們相伴。現代人對創新的看法正呼應他們的故事：神經病，與世隔絕，全神貫注，一年年嘗試與犯錯，不屈不撓地追尋願景。我們認為，創新一定是由創新高手在實驗室裡完成，其他人就別白費力氣了；創新不是人人皆行，而是專門學問。

然而創新不必非得這樣，創新時常只來自以新方式用舊東西。古生物學者古爾德（Stephen Jay Gould）和弗巴（Elisabeth Vrba）自創「擴展適應」（exaptation）一詞，意思是把某生物特質拿去另做他用[32]。不過擴展適應並不局限於生物界，也出現於商界。康寧公司（Corning）在一九六〇年代發明大猩猩玻璃，束之高閣四十年，後來賈伯斯前來拜訪，他們才知道這種玻璃是智慧型手機螢幕的絕佳材料。貝爾發明電話的前身，是為了幫助啟聰學生想像聲音。史賓賽（Percy Spencer）把巧克力放在褲子口袋裡，卻被磁電管融化了，結果他發明出微波爐。培樂多（Play-Doh）黏土原本是設計來黏壁紙上的髒東西[33]，後來小朋友卻「誤用」為玩具。我們愛把現代生活想成人類苦心鑽研與豁然開朗的成果，但其實無心插柳也帶來一樣多的成功突破。「隨機」與「創新」堪稱一對好朋友。

當然，這有個問題。全球品牌與國際企業的一大目標是**消除多元**與**確保一致**，這是提供一貫體驗的唯一方式，但多元一旦消除，進化就不再了。中心化的創新中心或許能提出些新東西，卻大幅限制住擴展適應。重點是，產品創新不是我們所需的唯一創新，還差得遠。公司裡的每個活動都是黑盒子，有潛藏的可能性。如果每個團隊沒有持續學習，沒有在大小方面精益求精，就失去善用手頭能力追尋宗旨的機會。創新可以來自無意與有意，來自中心或邊陲。我們需要確實在所有階層思考過創新，並為創新留出空間。

思考挑戰

處處有創新。出於我們對效率的執迷，多數公司愛把創新和運作分開，井水不犯河水。然而這十年間，「開發與運維」（DevOps）蔚為風潮，影響軟體開發的文化與實作，徹底終結了創新和運作分開的概念。當團隊愈趨迅速開發出軟體，開發、運作和品質確保就更息息相關。開發者想改變，測試者想減少風險，運作者想穩定，解決之道是把功能全整合起來。當團隊真正得到授權，專注於顧客，功能經整合，則很難說「創新」是發生於何處。亞馬遜先前只公布「科技與內容」花費為二百多億美元，拒絕像其他大企業那樣揭露研發花費，令美國證券交易委員會大惑不解。當美國證交會要求亞馬遜說明無法揭露研發花費的原因，亞馬遜的全球主計長寫道：「在我們的商業模式下，新舊產品與服務的研究、設計、開發與維護能同時進行。舉例而言，我們團隊持續開發智能助理 Alexa 的嶄新功能，但也維護現有功能，皆在相關的七三〇之一號和二號報告交代，若欲分開來談實屬不易[34]。」重點是什麼？我們亞馬遜做了**這麼多**創新，**這麼常**創新，在**這麼多種**地方創新，不值得像其他企業追蹤每個專案。

看它擴散。作家拉盧（Frederic Laloux）在《重新發明組織》（*Reinventing Organizations*）裡，提及博祖克照護公司的創新故事，凸顯創新如何**在不經意間出現**。博祖克照護公司的一組護理人員發現，他們照顧的老人跌倒時常摔傷骨盆，因而造成自主能力下降（有些案例從此無法恢復），於是他們設計一套預防意外的措施，在當地市場試行，得到喜出望外的成果，便告訴博祖克照護公司的執行長布拉克，建議全公司一起實行，但他沒有指派專案小組，沒有在其他地區試行，也沒有宣布全公司同步實行，而是叫他們寫下當初設計這個措施的經過，刊登在公司的內部社交網路，附上施行說明。他的理由是，如果該措施很好，自會擴散開來。沒多久，博祖克照護公司幾千名照護人員都以這套措施做居家照護和事故預防。如果各團隊真有自由去嘗試新方法，去採納好措施，則創新會變得有機。下次你聽到好主意或好做法，別強制推行，拋出去就好。

生物槓鈴。有時很難知道需要多少創新或變化。現在好好的，該投資未來嗎？對此，大自然給了些線索。戈登（Deborah Gordon）等學者研究螞蟻聚落等錯綜的適應系統，發現螞蟻會按演算法增減集體探索的隨機程度，藉此平衡資訊和風險。如果你把蟻群放進空房間（低度資訊或無資訊），牠們會四面八方散開，愈來愈展現隨機模式。當你放進一顆蘋果（可貴資訊），牠們則迅速匯聚在蘋果旁。有意思的是，大多數**但並非全部**的螞蟻會抓住蘋果這個「確切標的」，由於內建的演算法，永遠有固定百分比的螞蟻繼續尋找下一個目標[35]。這呼應塔雷伯的槓鈴策略。我們握著確切標的時，該把大多數**但絕非全部**的資源擺在那上頭；我們在新創公司或新部門時，不知道哪些做法行得通，於是需要隨機探索，力求變化——雖然這樣有點違反直覺。

創新的實行

預設與標準。我們很容易習慣把做法、工具或產品固定為**標準**，而標準往往是**強制執行**的。我們用這個工具，而且**只有**用這個工具；我們用這個程序評估領先程度，而且**只有**用這個程序。諸如此類。標準的好處在於，有一套經過驗證且（多數時候）可靠的做法，但問題在於，我們變得難以判斷、創新和學習。你可以不強加標準，而是把既有做法當作預設做法。預設做法就像標準，除了一點不同：你不是非用不可。預設做法在說：如果你不知道怎麼做，就這樣做；如果你沒時間思考，試這方法看看。然而如果你在某個領域還算熟能生巧，駕輕就熟，認為看到更好的方法，那就自由去試吧，讓大家看一看，因為要嘛你再次證明預設做法滴水不露，要嘛你建立新的預設做法，讓大家受益。以我公司來說，我們在服務的費用結構方面有一套預設系統，但如果經驗老到的人員想做新嘗試，諸如溢價、折扣或股權交換，可沒規定不行，只是我們希望從中學到東西。換言之，我們人員知道**可以冒險**走自己的路，前提是大家會獲益。

兩成時間。谷歌早期有個知名措施，那就是允許員工拿兩成時間做自己的個人專案，跟平常的工作有關或無關都行。舉凡谷歌信箱、谷歌地圖、谷歌新聞和 AdSense 廣告都歸功於此，源自員工在空閒時間的個人嘗試。先前我們談過的電玩遊戲開發商維爾福公司更猛，允許員工拿所有時間做自己的專案，想怎麼做就做，隨時換主意都行。你現在也許還沒準備好做到那麼極端，但不妨考慮實行谷歌的做法九十天。要記得，平日工作的負擔會時時干擾此措施，近年谷歌就是如此，所以你需要熱忱與紀律好好支持這個措施，方能獲益良多。

精實創業法。投資未來很難，任何新創公司（包含既有公司裡的新部門）初期都在尋找產品與市場的搭配。問題在於，我們一頭熱栽進最初的願景，花數月至數年把毫無搞頭的產品變得盡善盡美，等到終於交到顧客手中，卻赫然發覺沒有符合他們的需求，不然就是需求早就變了。相較之下，精實創業法是以更科學的方法開發新產品，當初由企業家萊斯（Eric Ries）設計，有一個三階段的回饋機制：建立、估量與學習。首先，選一個有興趣想解決的問題，打造出最簡單可行的產品，盡快獲得使用者的意見回饋，獲得萊斯口中的**驗證式學習**（validated learning）。你不是只相信自己的假設、一個勁往前衝，而是問出關於創新的重要問題：我們能怎麼驗證[36]？

創新的改變

談到作業系統的改變，我們很難想創新就確實實現，因為其他層面通常會絆住創新的腳步。然而通往進化型作業系統的路終究關乎改變。我們希望組織更能靈活調整與應變，而這實際上等於在說，我們想更懂得如何學習，懂得如何尋找與嘗試新事物。這當然適用於產品層面，亦即我們跟市場接觸之處，但這也同樣適用於工作方式，甚為重要。在作業系統任何層面下的工作都涉及顛覆與創新，所以雖然你也許無法大談整個系統如何立刻翻新，但請放心，你正在改變系統的路上。

創新的提問

下列問題可以拿來問整個組織，也可以拿來問個別團隊，激起大家討論當前現狀與可行進展。

- 我們的創新哲學是什麼？
- 創新是何時、何處與如何發生？
- 誰參與創新？誰有權創新？
- 我們如何實現有利的顛覆性創新？
- 失敗與學習在創新中扮演何種角色？
- 我們如何衡量新的點子、做法和產品？
- 我們如何在短期與長期之間謀求平衡？
- 我們如何管理配置點子、測試原型和最終產品的組合？

＊正向待人如何落實在這個主題上？

體認到只要環境合適，人人皆能展現天生的創意。你要相信大家能發覺機會，妥善追尋。當我們無法區分運作與發明，才有真正的創新文化。

＊錯綜意識如何落實在這個主題上？

明白創新本即帶著不確定。如果你想要一個自我更新的蓬勃生態系，多元差異必不可少。無論順風或逆風，要勇於嘗試。

工作流▪ WORKFLOW

我們如何分工並工作；

創造價值的流程與路徑為何。

一九一三年，福特推出會動的生產線，改變工廠的工作流。工作流程拆分為八十四個分開的步驟，而且正是由泰勒本人協助把每個步驟調整至最佳。一輛福特 T 型車的生產時間原本是十二小時，大幅縮短為兩個半小時[37]。將近半世紀後，大野耐一和豐田家族開發豐田生產系統，採取即時生產，尋求減少「無理」（負荷過重）、「無穩」（不一致）和「無駄」（浪費），汽車工作流再次徹底改變，從此變得更好，而且不只工廠生產如此，整個組織內部亦然。工作流是價值產生之所在，若能提升，公司會持續獲益。工作流可以變得更迅速、更有效率、更高品質，且往往更簡單。然而我們時常忽略工作流的精進，反而喜歡替組織架構做些花俏浮泛的改變，絕少實際更動工作方式。

不過等一下，難道組織架構和工作流不是同一件事嗎？如果我們有清楚的角色定位，不就知道如何創造價值？也許吧。現在舉咖啡廳的例子來看看。為了便於分析，我們只考慮兩個角色：收銀員和咖啡師。收銀員管錢，咖啡師管咖啡，一清二楚。但誰幫顧客點餐呢？收銀員可以做這工作，然後接著收錢，咖啡師則在後頭忙。或者，咖啡師可以做這工作，**並且**直接開始泡咖啡，顧客換到收銀員前面排隊結帳。兩種方法各有利弊，然而不管我們選哪個方法，設定職權就是在**塑造工作流**，決定顧客的點餐如何化為一杯濃縮咖啡。在這背後，還有無數細節待決定。顧客點的餐是需要寫下來呢，還是喊出來呢，還是輸入訂餐系統呢？設備和器材該怎麼配置，以利工作順暢呢？如果隊伍排太長，該怎麼辦？這些問題勢必得回答，也許是靠談定角色或流程，也許是靠測試與犯錯之後訂下規定。你不妨去三家不同的咖啡廳看一看，他們的角色相仿，全在賣咖啡，但做法各不相同。工作流就像是價值創造架構和價值創造流程之間的模糊邏輯，是工作如何在組織裡進行、是工作如何在團隊本身之間進行。

泡出絕佳的咖啡是個複雜技藝，但還算能管控。相較之下，建造空中巴士 A380 飛機可就難管控了，這款飛機包括二百五十多萬個獨立零件，各零件由全球一千五百家公司分別製造[38]。現在想像一下這個工作流，想像所有排列組合。這麼大型的製造過程涉及多少專案啊？答案當然是多到算不清。而且這遠遠不只適用於飛機製造業，根據我的經驗，絕少公司能清楚管控所有專案，了解交互關係與每日狀況。從許多方面來說，這是功能分工的副作用。當公司裡分成工程、行銷和人資等大單位，重點專案必須跨部門合作，涉及許多天南地北的員工。以工作流來說，就像鮭魚溯游而上。那我們該如何確保各個人員做好分內工作？這就得談**專案管理**。既然從事專案的團隊其實並不是一支真正的團隊，我們就任命**專案經理**負責統合。當然，由於成員各自隸屬不同部門，專案經理並不真正有權領導大家的工作，但至少會有一個人負責。另外，如果所有專案用同樣的「高效率」流程，不是很好嗎？**專案管理辦公室**於焉誕生，又是另一組人馬來界定和維護專案經理設下的標準。如今美國企業界就是用這套方法做工作流創新——多加一層官僚。

當然，還有其他替代方案。瑞典音樂串流服務商 Spotify 的架構創新常獲讚譽——他們有小組、小隊和分部等，全球許多公司照抄效法（常成東施效顰）。Spotify 的自足式多部門專案團隊確實特別，然而真正令人驚豔的是各團隊做到「鬆散相連但密切合作」。這概念先前出現在 Netflix 的《網飛文化集》（一本超級強化版的員工手冊），建議我們盡量增加各團隊之間的策略合作，但盡量減少各團隊之間的連結依賴與繁文縟節。當你正打造一個有一億名付費訂戶的軟體，這是說來容易、做來難。先前 Spotify 發現，如果把他們的產品當成單一整體，各團隊之間的協調工作著實太過龐大，所以他們加以拆開，分成不同模組，如今各團隊負責特定部分，有獨立開發的自主權，只需符合持續更新的整體願景即可。Spotify 的工作流不像是穿過一系列功能的遠洋定期客輪，而是朝著同一方向的數艘快艇。這方法不完美，但很審慎，重要事項能優先處理。願我們有為者亦若是[39]。

思考挑戰

打斷工作流。如果你們團隊的架構並未反映組織實際產生價值的方式，可就麻煩了。銷售團隊在等經銷商，經銷商在等產品團隊，產品團隊在等工程部，工程部在等設備部，設備部在等錢撥下來。為了實際觀察，你可以選一個真正替顧客創造價值的專案，涉及產品或服務都行，然後追蹤是哪些人員參與其中——按技能或個人皆可，方便就好。現在拿來跟平常決定人員座位的組織結構圖相比，這牽涉多少團隊？這種跨部合作在所有權、連貫度和執行速度等方面耗掉多少成本？在理想狀態下，你日常的價值創造架構——亦即人員實際花時間之處——該跟工作流一模一樣。至於正式架構圖就塞在抽屜某處，應付主管機關而已。

只是專案。組織可不可能只是一系列專案？我知道，專案的傳統定義是一定有開頭，有結束，有確實定義的範圍與資源。但嚴格來說，我們做的每件事不都是這樣嗎？從產品開發到清掃廁所都符合這定義，端看你怎麼界定時間範圍。有些專案長達一世紀，有些僅僅一天。並不因為某件事是反覆在做，就從全局中獨立了出來。如果我們把一切當成專案，目標會更清楚——以相同的審慎展開、發展與結束一件事。專案有目的與節奏，靠回饋來學習。

在專案下，我們能以同一套用語描述組織工作，而且不得不把日常任務做得更有策略。清掃廁所是讓人沒勁的**任務**，但「替客人清掃廁所」這種專案很有意思：我們能加以自動化嗎？我們能用另一套便於清掃的設計嗎？一切都有搞頭。當然，這不表示任務不復存在，任務只是有意無意間經常（甚至可能總是）為專案服務。

工作流的實行

短跑衝刺。提升團隊工作節奏的一個方式是**短跑衝刺**。你可以讓節奏不是按專案的時程表或錯綜度而定，而是把每個專案變成一或兩週的短跑衝刺。這種衝刺是在一段時間範圍內務必做出**並分享**某個工作單元——自己設定截止期限。這聽起來可能很激進，但衝刺法會逼出很多平時罕有的好習慣。首先，團隊不得不**邁出腳步**。如果你們知道第一週結尾就得交差，豈會浪費時間爭論要訂哪種鉛筆的瑣事。團隊也不得不把工作分成較小的部分。如果你在建立企業資源計畫軟體或腦波掃描應用程式，一週可生不出來，所以團隊需要想出一週內**可以做出**什麼，例如書面樣本或協力廠商名單，畢竟週五得交出點東西。當然，衝刺法也逼出決定。大家不是一直爭論怎麼做，而是盡快選擇。就算用戶或顧客不滿意我們那週的成果又怎樣？我們等於只用一週刪掉了某個行不通的方向，而不是曠日廢時浪費好幾個月。在我跟新專案團隊的第一次會面，總有人會說：「下次什麼時候要再碰頭……也許三週後？」我回答：「你覺得我們這週五能交出什麼[40]？」

限制進行中的工作。你希望一段高速公路的車流量達到最大嗎？如果讓一輛車接一輛車，可就塞住了。反之，你會希望車流持續不斷，每輛車之間保持足以順暢行進的一段距離。同理，限制**進行中的工作**能提升流量與整體效能。但要如何實行？首先，想一想你按理能同時處理多少專案，然後砍掉一半。如果超過七個，再進行一遍。接著你分出三欄，分別為「要去做」、「正在做」與「已完成」，我會建議用免費軟體 Trello，但如果你想用膠帶在牆上貼出三欄也行，然後把每件事擺在「要去做」那一欄，先把當務之急移到「正在做」，直到剛才設定的上限數目為止，等完成某個專案再擺到「已完成」，唯有這時才能把下一個專案從「要去做」移到「正在做」。在**個人層面**和**團隊層面**都試試這方法，你會赫然發現自由許多。要記得，如果你碰到新的要求並答應處理，另一個專案得擱回去。工作方法可以大幅改變，每天有的時間卻是固定不變。

工作流的改變

同仁和我開始跟客戶分享與體驗新工作方式時，立刻會遇上他們的工作流規定。大家都被榨乾了，很難判斷每個人的能力到哪裡，所以直覺地比理想中的工作節奏慢上許多。他們想要把大事做得盡善盡美，我們想要把小事趕快做好交出去；他們以月為單位，我們以週或日為單位；他們以郵件、行事曆和助理協調，我們以通訊軟體、雲端資料和訂好的節奏協調。有時是我們試他們的方法，但更常是他們試我們的新招，而且我跟你說，他們大多很快就會鬆一口氣，湧起幹勁。

工作流的提問

下列問題可以拿來問整個組織，也可以拿來問個別團隊，激起大家討論當前現狀與可行進展。

- 我們如何把組織的工作拆開？
- 我們的工作流和架構是何關係？
- 我們如何處理大到單一團隊無法因應的專案？
- 我們是採什麼專案管理方法？
- 誰為專案成果負責？
- 如何讓整個專案保持公開透明？
- 專案如何發起、取消或完成？
- 節奏在工作流裡扮演的角色是什麼？
- 我們如何把工作流最佳化，造成最少浪費，產生最大價值？

＊正向待人如何落實在這個主題上？

體認到良好的工作流來自於按工作進行組織，而非按組織進行工作。當團隊和專案在一塊兒處理，關係讓工作事半功倍。此外，不必強加一致做法，而是讓大家靈活發揮，各顯神通。

＊錯綜意識如何落實在這個主題上？

明白工作流需要持續協調與微調，無從一勞永逸。確保所有團隊既能做好工作，也能改進工作方式。為了讓組織發揮最大的調整能力，你要讓團隊鬆散相連但密切合作。

會議▪ MEETINGS

我們如何開會和協調；

員工與團隊有很多方法攜手合作。

開會還是不開會？這問題糾纏每個發自內心討厭開會的人，我們眼看開會成效不彰，也許——只是也許——根本沒必要開什麼會。綜觀許多文化，許多世紀，人們會團聚圍坐在火邊，現在沒理由認為我們已然進化到超越這個需求，但會議確實氾濫成災，遠遠超乎合適的程度。

平均來說，上班族每個月要開六十二場會，而且認為半數以上是浪費時間。在美國，**不必要的**會議導致三百七十億美元的薪資損失[41]。企業不只會議太多，根本**會議成癮**，行事曆上不見天日，放眼盡是一場接一場會議。彷彿無論是需要資訊、決策或意見回饋，反正開會就對了。大家討厭開會，卻戒不掉，因為沒有別種方法能做事。軟體服務供應商 Salesforce 主管阿夫沙（Vala Afshar）的推特發文巧妙點出開會文化的諷刺之處：「你可能必須請上級同意一筆五百美元的開支……找來二十個人，開了一小時的會，卻沒人注意這件事[42]。」

另一方面，新科技興起，熟悉的人能善用科技從不同時空溝通協調。有些團隊採用 Slack 等通訊應用程式，減少二四％的開會時間。有些公司更猛，實在受不了開會，索性完全禁掉，認為浪費時間且毫無必要[43]。

我們只有這些選擇嗎？要不就把煩透了的會開好開滿，要不就半個會都不開？皮克斯動畫工作室的「智囊團會議」（Braintrust）是另一條路。皮克斯善用這種獨創的開會方法，十九部片奪得首週票房冠軍，十五部片抱得奧斯卡獎，爛番茄分數平均為八八・五％。智囊團會議的概念很簡單，不管片子還在什麼狀況，先在皮克斯最資深的導演、編劇和故事師等面前播放，然後是兩小時的自由討論，形式不拘，作家史考特（Kim Scott）稱這段意見回饋時間為**真心話大放送**。大家把自我擺在門外，針鋒相對，直言不諱，流彈四射，但不是針對個人，只是使盡全力要讓片子更好。皮克斯的共同創辦人暨總裁卡特莫爾（Ed Catmull）說：「電影——而不是電影製作人——被放在顯微鏡底下觀看[44]。」

智囊團會議和傳統會議還有另一點不同。**智囊團會議沒有實權**。會議目標不見得是解決問題，而是**看見問題**，追溯根源，提出意見，讓創意團隊能著手調整，最終由導演決定修改方向。「我們並不希望由智囊團會議替導演解決問題，原因在於我們的解方恐怕不會比導演和創意團隊來得更好。」在智囊團會議結束後，團隊能把片子看得更清楚，好好發掘其中的美好[45]。

無論我們喜不喜歡開會，會議若是開得好，比其他任何溝通方式的頻寬更大——即每秒有更多資訊。當大家齊聚一堂，不只耳聽別人怎麼說，還能眼觀與感應肢體語言、情緒和氣場，自己的鏡像神經元跟著活躍。我們可以握手，可以呼吸相同的空氣，可以肩並肩。連以遠距工作聞名的公司，例如自動網頁程式設計公司（Automattic，知名產品為免費部落格軟體WordPress）、吉特實驗室網路公司（GitLab）和貝斯肯軟體公司等，也會定期召開全球會議[46]。人類在一百萬年間演化出的諸般特性，並不因為視訊會議的發明就煙消雲散。如果我們想建立信任，想分享意念，想熱切合作……終究得聚在一起。

思考挑戰

狀態更新之死。在我工作上遇到的會議中，有一種相當常見卻成效很糟，那就是團隊向上級說明工作進度，換取意見回饋或祝福打氣。許多高階主管認為，這種狀態更新至關重要，是掌握多個專案的最佳方法。然而這樣聚在一起給「真知灼見」其實弊大於利。首先，上級通常缺乏對錯綜工作內容的通盤了解，不甚進入狀況，要不就問出天真的問題，要不就給出不負責任的建議。狀態更新是在找麻煩，開會前夕或許又有變動，先前耗費多時的準備形同浪費。此外，你大概能想見，這類會議淪為膨風的表演，各團隊當作表現的舞臺，過度準備，平均每週花四小時做登場準備。替代做法則遠遠簡單得多，上級可以選擇加入團隊，成為工作流的一部分，不然就在專案開始或團隊要求時加入建議流程。我的一位同仁愛說：「狀態就活在軟體裡吧。」真是至理名言。

一對一之樂。員工喜歡的是每一或兩週跟主管一對一會面。多數主管會語帶驕傲地說，他們很常直接聽職員彙報，「這是他們的時間」。我們身為主管是在為員工服務，對吧？的確。但我有個也許會令你意外的發現：一對一會面常用來處理暗藏的組織失能。當人員缺乏決策權，一對一會面成為唯一推動事情往前進的機制。當人員沒辦法化解衝突，一對一會面成為政治角力的舞臺。好的一對一會面能提供意見回饋、教學指導、加深關係，雙方有機會在工作上攜手努力，但如果你發現一對一會面變成是用來處理其他未解的需求，不妨開門見山，請員工開誠布公聊一聊。

治理。這些年來，公司治理變成在強調順從和規避風險，我們忘記真正的管理來自參與和所有權，而非恐懼。簡單來說，如果我們希望組織學習與調整，希望大家奉公守法，那就需要用分散式機制來引導和改變組織。一個做法是鼓勵各團隊每月開治理會議，目標是人人有機會發表意見，提出團隊的架構、策略、資源……任何方面能做何改變，以期協助公司追尋宗旨。如今全球成千上萬家公司正靠全員參與制、全體共治和其他方法做這件事。你不妨想像公司裡的所有團隊持續精進，改造產品、服務，甚至公司本身。

會議的實行

協調人和記錄員。增加開會效率的絕佳方法是：每次開會都確實有人負責會議的架構、流程和成果。我們發現**協調人**和**記錄員**格外有幫助。協調人負責確保會議的進行，落實眾人同意的會議形式和會議規則，在對話離題時打斷，留意是否有誰需發言或讓步，甚至在主管違反規則時出聲提醒。記錄員負責從頭到尾記下整場會議的動議和討論結果，可以用數位看板、實時文件或工作管理員程式等。首先，你要替每場定期會議選出協調人和記錄員，讓他們有揮灑的空間。隔九十天之類，選出下一任協調人和記錄員。一次次進行，直到每個人輪過一遍。

會議暫停。有時釐清混亂的唯一之道是暫停。與其想照現有節奏把所有未完成的會議塞進時間表，不如看看能否取消下兩週的所有會議。這乍看不可能，甚至不負責任，但確實做得到。我們公司指導的某個領導團隊每週平均開會四十五小時，行事曆長得像是快輸掉的俄羅斯方塊，於是我們設法暫停所有定期會議，希望他們回答幾個問題：**我們錯失了什麼？我們需要什麼是從非正式互動裡得不到的？**根據他們的回答，我們逐一修改會議的節奏，確保每場會議有清楚的目標與相稱的架構。我們根據意見回饋，反覆微調會議形式，讓會議能行得通，刪掉不需要的檢討部分，廢除跨功能的一對一來回協商管道，至於沒人記得最初召開原因的長年定期會議也省下了。每週平均的開會時間原本是四十五小時，現在降為十八小時。如果你被會議壓得喘不過氣來，不妨先把會議停掉，檢視**現有會議**和**所需會議**的差別。

回顧會議。若論哪種會議最寶貴卻少見，大概是**回顧會議**。回顧是讓團隊得以暫停、留意和學習。回顧會議可以是在工作有大幅進展之後，或最好是定期舉行，團隊花一或兩小時齊聚一堂，分享各自對這段期間的心得與感想。目標很簡單：下次要做得更好。回顧會議有各種形式，簡單也好（按專案的時間列出高點和低點），複雜也行（喜歡之處、學習之處、缺乏之處和期盼之處）。哪種回顧會議最好？答案是，有落實最好。通常，多數團隊留不出什麼時間給回顧會議，急著想做下一件事，所以你需要確保團隊定期好好回顧與學習。此外，重點是大家要能**暢所欲言**，否則如果有話卻不敢講，回顧會議的價值就大打折扣。

開會措施。雖然大多數公司少開點會比較好，但許多公司也從擴充會議架構的類型得益。多數會議亂七八糟，東跳西跳，一下子是有人講得落落長，一下子要做決定，一下子提出點子，一下子開起玩笑，簡直聽任興之所至。不過你可以花些時間加進經過驗證的**開會措施**，結合會議架構，以利流程順暢、決策制定、意見提出，還有腦力激盪等等。下面是幾個讓我們公司獲益匪淺的開會措施：

由大家發言開場。以一個提問展開會議，讓大家彼此熱絡，人人開口發言。常見的問題如：大家在想什麼？大家有什麼期待？大家承擔過最大的風險是什麼？

輪流發言和參與。當要務是速度和參與，我們讓每個人輪流**有一次機會**提問、回饋意見、同意別人或說明新狀況，依會議類別而定。其他人洗耳恭聽，靜候輪到自己。

當場設定議程。我們不會先預測明天或下週最重要的事情，而是等會議實際召開後，再選出重要的主題。如果哪個主題沒談到，不必保留，要是下次開會時有人仍覺得重要就再提出來。

如果你想知道更多開會措施，不妨上「liberatingstructures.com」，那邊會教你如何讓傳統會議脫胎換骨，變得更熱烈與高效。他們列出相關網頁、書籍和應用程式，針對腦力激盪、問題解決和意義建立等主題，提出三十三個實用方法[47]。

會議的改變

我們公司的客戶常常很不會開會，但會議又是他們各團隊交流互動的主要機會，所以我們跟客戶合作初期時常從會議開始著手。在會議做點小改變，也許在公開透明、相互信任、時間節省和速度提升上就大有突破，促成其他改頭換面。會議最重要的一點也許在於，把作業系統的其他領域聚集起來，促成一個共享的經驗。因此，別猶豫了，快以革新會議促成全盤的改變吧。

會議的提問

下列問題可以拿來問整個組織，也可以拿來問個別團隊，激起大家討論當前現狀與可行進展。

- 為了促進最佳工作表現，我們需要開什麼會？
- 每場會議是否有清楚的目標與架構？
- 會議如何協調與記錄？
- 大家如何分享會議的成果？
- 哪些會議定期舉辦，原因為何？
- 會議節奏如何有助（或有損）工作？
- 我們的會議是否需要特殊工具或材料？
- 針對不再合適的會議，我們如何改進或廢除？

＊正向待人如何落實在這個主題上？

體認到人類渴望交流與連結，每隔段時間齊聚一堂很重要，但不是把每場會議當成同樂會，而是依會議目標決定架構，有些需順應人性，有些需予以超越。

＊錯綜意識如何落實在這個主題上？

明白如果想在錯綜系統中達成協調和想法共享，我們需要高頻寬的場合，包括會議。要記得，會議也涉及不確定。過度準備與過度主導有其後果，唯恐導致看不清現在什麼才是對團隊重要的事情。

資訊 ▪ INFORMATION

我們如何分享資料與運用資料；組織內部的資料、想法及知識如何流通。

上將麥克克里斯托（Stanley McChrystal）成為聯合特種作戰司令部的指揮官，率領美國海軍海豹突擊隊第六分隊和美國陸軍遊騎兵等部隊，任務說出來嚇死人：在伊拉克等地殲滅蓋達組織（al-Qaeda）。問題是蓋達組織跟先前的對手截然不同：去中心化，採網絡組織，分散授權，一心抗戰，而且行動非常非常迅速。

美軍則是天壤之別，軍階、保密和安全寫在美軍的基因當中，資訊應不計代價地保護。正由於缺乏資訊和速度過慢，美軍在幾項任務吃盡苦頭，這時麥克克里斯托和團隊突然恍然大悟，他們的「誰需知道」政策不再適用，原因在於**他們不知道**誰需知道。他們不止一次差點抓到或幹掉某個目標，卻發覺那個目標是己方的臥底人員。

因此他們決定改弦易轍，徹底推翻過去對資訊的立場。麥克克里斯托在TED演講上說出他們學到的啟示：「我們發覺必須改變。我們必須改變看待資訊的文化，必須把牆推倒，必須彼此分享，必須從『誰需知道』改成『誰不知道』，然後需要告訴他們，盡快告訴他們。」聯合特種作戰司令部「確實」把牆推倒了，打造出全新的控制中心，前方有一面螢幕牆，中間是即時戰況更新，供大家一齊觀看。如果其他團隊或將領**有機會**受影響，就列進寄件對象。他們建立各單位和地點的聯繫，把每天的行動與情報視訊會議改造為大型資訊分享會議，納入前所未見的與會人數，鼓勵大家勇於暢所欲言。聯合特種作戰司令部的新指導原則是「盡量分享資訊，直到唯恐違法」。在麥克克里斯托的任期末尾，所有部門都因這個新的公開透明文化大為受益，戰場上連連告捷，甚至殲滅了蓋達組織伊拉克分支的領袖扎卡維（Abu Musab al-Zarqawi）[48]。對麥克克里斯托和團隊來說，資訊流通是唯一的致勝之道。相較之下，我們也在試圖靠階層（自身公司）勝過網絡（市場），卻節節敗退，跟聯合特種作戰司令部一樣需要變得以資訊主導。

直到非常近代，資訊才不再困住——困在腦裡或紙上，我們因此覺得資訊很稀有。出於這思維，加上兩世紀以來的自由市場競爭，我們對分享資訊持審慎態度，多數骨董組織視資訊為力量。我們靠隱藏資訊提升地位，確保飯碗，保護自己避開資訊的誤用。資訊受到保護，按個案決定是否分享。權力架構因而根深蒂固，資訊不公開也不透明，偏見與誤解滋長蔓延，人們若不約束這種做法，要不就被謠言牽著鼻子走，要不就錯失機會。

某層面來說，所有生命系統都在處理資訊。若缺乏資訊，很快就會死翹翹。教授米謝爾（Melanie Mitchell）把錯綜適應系統定義為：「由眾多單元組成的大型網絡系統，沒有中央控制，只有少數簡單的運作規則，於是產生錯綜的集體行為、精細的資訊處理，以及適應環境的學習和演化能力[49]。」由此觀之，錯綜適應系統像是某種蜂巢思維，能解決單一個體束手無策的問題。組織也是這樣。舉凡招募、銷售和會計，我們做的每項工作得靠資訊處理和知識傳輸。如果我們能取得**集體智慧**，可就不得了了。然而意外的是，我們很少花時間在改善資訊結構——即發現、儲存與分享所知事物的方法。

資料不是資訊，資訊不是知識，知識不是精通，精通不是智慧；這些重要的區別有助於塑造個人與組織的學習方式[50]。在作業系統畫布中，我所稱的資訊是指**能傳播或溝通的一切**。資料夾是資訊，電子郵件是資訊，方法是資訊，喝咖啡聊天是資訊。如果我們想打造活潑而緊密的學習網絡文化，這些都很重要。

思考挑戰

公開透明。進化型組織極度重視透明度的價值與實踐，再怎麼強調都不為過。如同麥克克里斯托和團隊所見，在錯綜的世界裡，處處可能冒出卓見，前提是對的人須適時得到資訊。我們無法預測何謂適時，所以得促進經濟學家口中的資訊對稱——所有參與者能得到相關資訊。這引申自某些早期的概念，如**開卷式管理**（open-book management）——職員能取得營收、獲利、開支、成本和現金流等財務資訊。綜觀對公開透明的抗拒，主要來自兩個觀點：一為相信人不可信的X理論；一為相信資訊很稀有，所以是力量。如今戶外用品品牌巴塔哥尼亞、時尚品牌艾弗蘭（Everlane）和巴福網路公司（Buffer）等企業，都在挑戰上述兩個假設。巴塔哥尼亞公司推出《足跡年鑑》（Footprint Chronicles）系列影片，把供應鏈變得公開透明，顧客可以追蹤任何衣服，往上溯源，了解是出自哪家紡織工廠和成衣工廠。艾弗蘭公司更厲害，不只推動工廠的透明文化，還在官網公布所有產品的實際成本，從材料成本、人力成本到運輸成本鉅細靡遺。拿我身上穿的這件艾弗蘭T恤為例，材料成本為一・八一美元，人力成本為五・六美元，運輸成本為〇・一三美元。社群媒體管理平臺開發商巴福網路公司更把公開透明拉高到新境界，所有資料一清二楚，統統開放給任何人知道，官網（buffer.com/transparency）列出員工持股、薪資、即時營收、定價細項、資金、價值、書單、郵件清單、多元指數、開源程式碼、產品路徑圖和編輯後臺等。誰要來挑戰看看嗎？

推與拉。我們對公開資訊很猶豫的一個原因是怕被壓垮，原本我們就已經在無數訊息與動態更新中載浮載沉。根據加州大學聖地牙哥分校（UC San Diego）的研究，一般人平均**每**

天接觸三百四十億位元組的資訊[51]。時時分享所有資訊的想法彷彿瘋了，然而原因只出在我們誤解了分享資訊的方法——推與拉的分別。

骨董思維下的資訊分享是「推」，把資訊不經同意就硬推給別人。當資訊這樣硬是給我們，我們必須費心分辨訊號（所需的）和雜訊（不需的）。然而當資訊氾濫，「拉」式系統好得多，是把資訊標記與儲藏，便於搜尋。郵件是推，網路是拉；單軌會議是推，多軌會議是拉。內容行銷平臺普克雷（Percolate）如今的客戶包括數家全球知名品牌，草創之際開發了一款叫做貝瑞斯塔（Barista）的軟體，供員工提問並傳給可能知道答案的同事，答完的問題經過標記與儲存，其他員工都搜尋得到。普克雷公司不是把資訊硬推給新員工，而是讓他們需要時找得到。當資訊是供人選擇需要與否，自行搜尋，可謂皆大歡喜。多拉點，少推點。

公開工作。當公司文化是規避風險，團隊缺乏決策權，一件好玩的事情會發生：工作變成暗中進行。何以故？原因是團隊知道，如果分享不完全或不完美的工作成果，上級會東挑西揀，質疑他們的能力。結果公司文化變成是一切在分享**之前**就得盡善盡美，這導致資訊穀倉，人人受害，兩個團隊做一模一樣的工作，等發現就為時已晚。上級原本能在工作初期給建議，卻變成只能事後批准或否決。別人若想知道專案的目前狀況，只能期盼三生有幸在對的日子找到對的人問。所有能重複運用的資源或計畫都無法重複運用。然而，如果想避免上述狀況，我們可以**公開工作**，亦即在公司裡人人看得到的環境下工作，工作進度人人可查。新員工進我公司的第一天，就能搜尋、找到、複製和重複運用全公司先前的資料。這代表一切從不上鎖嗎？不是。如果你依法保管機密資訊，可以採用**預設公開**政策，意思是大家假定所有資訊都預設為公開可查，唯具良好理由不應公開的資料例外。

組織 Git。就算你不是程式設計師，或許也聽過托瓦茲（Linus Torvalds）開發的開源版本控制系統 Git。這個系統可以讓許多人同時開發一套軟體，神奇之處在於分散的人員能攜手合作。每個專案都有**主支**，其程式碼受保護，以防不經意遭更動或複寫。各人員可以建立**分支**，增加程式碼，但不會改變原始程式碼。如果他們寫的程式碼獲接受，他們的分支會**融入主支**，人人可以共用。如果人員想從開源的主支建立新專案，可以進行**分叉**，複製出不融入主支的新專案。這樣一來，單一專案能持續改造，供全球其他專案運用。這是創意網絡的終極實現。現在想像以類似方法運用你公司的資訊、知識和產品，有顧客建議的主支、產品開發的主支、意見回饋的主支，還有無數分支在全球各團隊之間生生不息，全有潛力融入主支讓人人獲益。你還能想像去搜尋成千上萬家其他公司的新工作方式，挪為己用。對巴塔哥尼亞公司的休假政策很好奇嗎？何不建立**分叉**，試試看？雖然這在今天純屬夢想，種子卻在萌芽。諸如E螺旋、吉特實驗室、克利斯普（Crisp）和我自己的公司，都開始把公司的「程式碼」放上網路。我們用的是網路服務GitBook，你要共襄盛舉嗎？

資訊的實行

幹掉電子郵件。雖然經過數十年的創新，電子郵件如今的熱門程度更勝以往。每天總共二千六百九十億封電子郵件在寄送，而且這數字每年增加四．四%。上班族平均每小時察看信箱三十六次，每週收到三百零四封郵件[52]。既然這麼多郵件往往返返，各種資訊該唾手可得吧？但不是如此，差遠了，而原因不在於我們不懂怎麼善用郵件，是在於寄收郵件是組織內部分享資訊的超爛方法，有三大缺點。第一，郵件的預設是私密而非公開。你寄郵件時必須決定**誰需要知道**，如果忘記把需要知道的對象列進收件人，他們就蒙在鼓裡了；若是把謹慎拋開，直接用郵件轟炸所有人，你則浪費了寶貴的時間和注意力。第二，電子郵件就像資訊的排水孔。的確，你之後也許能找到所需的郵件，但沒收到郵件的人呢？今天新加入團隊的人呢？你信箱裡那三萬封郵件能對他們有什麼幫助嗎？如果有人離職呢？那些資訊就此化為烏有？第三，郵件沒有脈絡。無論來自何人，無論有多重要，每封郵件都以相同方式送進你的信箱。你想知道信裡寫了什麼嗎？**那你必須讀它**。如果你是暢銷作家高汀（Seth Godin），想把想法擴散給幾十萬人，就寄信吧，但如果你想確保一千個信任的同仁得到資訊，實現資訊對稱，則需要不同的方法。這時 Slack 等通訊軟體就派上用場。這類軟體按主題整理對話，例如分成「＃行銷」或「＃新手到職」，大家能自由加入或離開。如果你想知道人員招募的狀況，就去「＃招募」掌握動態。對話、檔案和跨軟體整合都在上頭。你還是可以有私人對話或私人頻道，但得問自己：我確定沒人會從這個討論獲益嗎？答案十之八九是：有人。因此，公開工作較好。不過有一點得提：如果電子郵件還在繼續寄，通訊軟體便無法好好發揮作用。人是很懶惰的，所以你要這麼做：讓內部人員同意禁用電子郵件。你還是能收外面的郵件，但現在各團隊正紛紛加入 Slack 的行列（這是史上成長最快的工作軟體），你也許會赫然發現在你注意到之前，那些信件內容已經能在共享頻道看到了。

多人軟體。傳統檔案不利資訊傳播——先是像燙手山芋，之後乏人問津。如果你還在傳檔名為「上臺報告—三二點七版—新版—更新—最新—最最新版.ppt」之類的檔案，你是在錯失世上最便宜的效能提升工具：多人應用程式。這類應用程式諸如谷歌的 G Suite、Office 365、Dropbox Paper、Box Notes、Quip、Trello、Evernote、Basecamp、Asana 和 Parabol，供多位使用者同時建立與編輯文件、檔案和資料。大家不是私下寄來寄去，而是共享一個資料夾，點一下滑鼠就能搜到。團隊可以共同修改報告、文件和整個專案，同步或不同步都行，同桌或遠距都行，比買列印的紙還省錢。當爆糖媒體公司（PopSugar）改用 G Suite，從訪談到刊登的時間大幅縮短，自二十四小時降至兩小時。佛瑞斯特市場研究公司（Forrester）發現，改用 G Suite 的企業在三年間投資報酬率增加二一三%[53]。如今多人軟體對資訊的高效流通必不可少，如果你已經採用，繼續加碼吧；如果你還沒採用，現在立刻開始。

有問必答。談到打破保密與謠言，一個有力方法是在部門、團隊或公司定期舉辦「**有問必答**」活動。此活動是從線上論壇 Reddit 開始進入主流，歐巴馬、比爾．蓋茲和喜劇演員賽菲德（Jerry Seinfeld）都參加過，接受大眾的提問[54]。活動辦法一如字面意思，大家聚在一起，實際或線上都行，然後開始提問。谷歌的每週大會結尾就有這活動，辦得廣為人知，創辦人佩吉（Larry Page）和布林（Sergey Brin）會回答性別平衡、政治、併購和資料外洩等各種問題。我們有個客戶是信用合作社，每週舉辦全員咖啡大會，大家針對組織轉型提出問題或交流意見，執行長叫大家出席但他並未主導。有問必答活動的目標是直接處理艱鉅問題，你敢於給出敏感資訊，也能回過頭來問責。許多確實舉辦有問必答活動的公司有不外洩協議，確保活動的發言止於活動裡。當發言外洩，重視透明度的公司不會取消活動，只會把洩密者炒魷魚，活動繼續。在活動上，傳統做法是由主管回答問題，但我發現讓人人都能回答更好，如同集思廣益，不同觀點會激盪出火花。現在，你準備好發現大家的真實想法了嗎？

資訊的改變

在改變作業系統的早期階段，提升透明度至關重要，原因在於透明度是做出好決策的前提。我很常看到的錯誤是團隊還沒確保透明度，就先貿然授權給大家。這會怎樣？大家沒有目標、策略、顧客或預備知識等關鍵資訊，做不出好決定，於是高階主管會說：「看吧，我們不能安心交由大家做決定！」為了避免這一點，你要盡早分享資訊，時常分享，讓分享變得安全，習慣成自然，其他自會水到渠成。

資訊的提問

下列問題可以拿來問整個組織，也可以拿來問個別團隊，激起大家討論當前現狀與可行進展。

- 我們自由分享什麼資訊？
- 什麼資訊受到管控？
- 如何決定什麼資訊能安全分享？
- 資訊如何儲存與分享？
- 什麼工具、系統或討論平臺能支持資訊的儲存與分享？
- 我們如何找到想找的資訊？
- 情況改變時，我們如何更新資訊？
- 我們鼓勵哪種溝通風格？

＊正向待人如何落實在這個主題上？

體認到要讓持有敏感資訊的人公開，即使有洩密之虞，依然值得冒風險。分享帶來互惠、責任與學習，保密則導致懷疑與不信任。

＊錯綜意識如何落實在這個主題上？

要明白：沒人知道什麼資訊會很關鍵，沒人知道資訊在何人手中會改變一切。在錯綜的世界裡，更多好資訊是競爭優勢，更多善用資訊的好方法也是競爭優勢。

成員 ▪ MEMBERSHIP

我們如何定義關係與培養關係；進入、投入與離開團隊和組織有何界線與情況。

每年在內華達州沙漠裡會舉辦為期九天的火人祭，如同社群、藝術、超越主義和酒神慶典的社會實驗。兩千個義工，七萬個不知從哪冒出來的參與者，組成自給自足的小社群，依循十個原則：激進的包容、自力更生、自我表達、社群合作、公民責任、去商品化、即刻性、給予、參與，以及不留痕跡。光是置身那裡，光是踏進那空間，你就對這些價值做出承諾。如果你不只是單純的觀光客，而是真正投入其中，當個「火人」，就是部落裡的一員。

火人祭跟主流社會有著天壤之別，所以他們把這座瞬息之城以外都稱為「預設的世界」。「火人」則是禮物經濟，你倚賴陌生人的慷慨大方，他們也倚賴你的慷慨大方。食物和娛樂不用錢，卻很豐盛。大家過來組成「主題營區」——四處是從數人到數百人的次文化公有聚落。加入營區如加入團隊，你得承擔責任，為營區的願景做貢獻。在這裡，由眾人催生的經驗和娛樂簡直超乎想像。大型裝置藝術、怪誕車輛和扮裝舞會展現社群的理想與價值觀。你也許找到自己，也許找到天神，也許遇到特斯拉老闆馬斯克（沒啥關聯）。參加這個倚賴周遭他人的無現金經濟總共要花多少錢呢？可以是二千美元以上。去年的門票甚至僅三十五分鐘就完售。這不是羅拉帕洛扎夏日音樂節（Lollapalooza），不是跟朋友晒幾小時太陽，而是一種生活方式。

火人祭是成員制度良好發揮的經典例子。談到成員制度，不妨把公司想成由一層細胞膜所組成——組織裡有組織，細胞裡有細胞。每層細胞膜，或曰每個團隊界線，是由要求與協議所組成，成文與不成文的皆然。尊重，就加入；不尊重，就退出。最傳統的界線，亦即我們最常談的界線，是**受僱狀態**，但在這個以內和以外還有其他界線，存在於團隊、職務、部門、地點、社會團體、利益團體、股東、顧客和甚至粉絲之間，分別創造出共同區域和成員身分。

骨董組織把成員資格想成二元——或是法律狀態，或是授予狀態。但成員資格並非二元，不是所有成員都感到相同的忠誠、投入或參與。不，成員資格是社會狀態，是身分認同，是活的協議。

界線可以定義清楚，也可以刻意模糊。團隊裡的協議可以外顯，也可以不公開。實行起來可鬆可緊，重點是我們有目的。進化型組織愈來愈以非二元角度處理此事。火人祭模糊了參加人與主辦人的界線，模糊了顧客與義工的界線，從而營造出更豐富與投入的體驗。住房短租網 Airbnb 也是這樣，在自己的城市是屋主，在其他城市就成了住客。維基百科也是，無數開源專案與 P2P 平臺亦然。成員制度的未來也許就是這樣多元，有清楚定義，卻也界線模糊。

你也許還記得，在錯綜系統中，**各單位的互動**比其本身更重要。球星雲集的球隊不見得就能克敵制勝。人際關係界定了我們的集體潛能，而成員制度影響人際關係的好壞。從我們面試新人，到他們辭職離開，我們所做的一切都影響到他們的成員體驗，從而影響到大家的合作網絡。

妥善進入公司的新人會湧起歸屬感，很想知道怎麼和公司裡的不同群體往來相處。反之，忽然被丟進公司的新人會感到不受歡迎、不知所措。他們有歸屬感嗎？他們安心嗎？他們該怎麼適應公司？在解決之前，他們的一部分注意力會放在這些問題上。招募、聘僱、加入、到職、進團隊、調任、解散和離開——這些皆屬成員範疇，對公司甚為重要。他們不是面目模糊，純屬隔壁棟人資部門的資產。尊重和支持他們是我們全體的責任。

思考挑戰

進與出。公司最終變得僵化與規避風險的原因是恐懼。職員擔心現在的角色沒做好會丟飯碗，而且確實如此：在許多案例裡，如果主管把你從這角色炒掉，你也會被這公司炒魷魚。你在團隊的成員資格，等於在公司的成員資格。然而只有當我們把公司當機器，把人員當螺絲，這才成立。就此觀點來說，我們需要固定數量的角色，角色需要特定的技能。如果你不再是行銷副理，還賴著幹嘛？然而如果我們把公司當成活生生的系統，把職員當成多面向的成員，則能把團隊成員身分和公司成員身分脫鉤。成員能擔任一個或多個角色，能去找空缺的角色，甚至能自創角色。你可以靠建議流程甚至推選方式，確保人員勝任其角色。如果生意下滑，公司可能必須裁員；如果某些成員聲名狼藉，難以加入團隊或讓人信服，可能必須捲鋪蓋走路。然而多數成員受人需要，貢獻良多，公司可以任由他們揮灑。

團隊作主。戈爾公司創辦人戈爾（Bill Gore）自創「晶格組織」（lattice organization）概念，「晶格裡的每個人彼此直接互動，不需中介[55]」。在他看來，「所有成功公司都有晶格組織，在權力階層之下。」這意謂著戈爾公司的團隊需要考量晶格組織，而他們認為許多成功源自晶格組織帶來的創意與流動。如果你同意公司裡所有人員該選擇自己的專案和同事，有趣的事情會發生，團隊變得有自主權，如同微型企業，必須製造自己的資源，要不就靠訂預算，要不就靠替服務「索費」。此外，團隊必須建立成員制度並視需要招人或裁人，必須建立自己的規定與行為模式，必須建立個人與全體的意見回饋機制，必須為更廣的生態系統好好表現並增加價值。這是自由與責任固有的緊繃關係，個人與團隊免於階層管控，卻並未免於限制與問責，如同圓環，受人人依靠。

當心文化契合。談到依文化契合度僱人，組織心理學家格蘭特（Adam Grant）有些違反直覺的建議[56]。在新創公司初期，若招募人員時很看重他們是否契合公司文化（甚至超過是否具技能或潛能），這種做法可以帶來成功，但之後容易適得其反，導致公司表現不佳。他在做研究時發現艾迪歐設計公司（IDEO）的做法，他們招人時不是尋求文化契合，而是尋求**文化貢獻**，捫心自問：我們公司的文化缺了什麼？然後尋找符合的人才。起初我們也許需要一群志同道合的同仁，以便群策群力攜手發揮，但不久後，需要轉為增加認知多元度和整體多元度，方能充分發揮潛能，公司逐漸變得有意思，提升文化錯綜度，甚至洞燭機先。事實上，最近麥肯錫的研究指出[57]，性別多元度和種族多元度排在前四分之一的企業容易表現較佳，分別比排在後四分之一的企業好一五%和三五%。

儀式。認可成員資格的方法之一是透過儀式。我們透過或大或小的儀式，標記生活的界線與重要改變。武術家在進出道場時鞠躬，外科醫師進開刀房前擦洗手和胳膊，成年禮見諸許多文化——這些都是恭敬標記某種轉換的儀式。研究顯示，儀式能降低焦慮、增加信心，甚至有助於進入特定身分（如士兵或消防員[58]）。在體壇，小皇帝詹姆斯（LeBron James）以分別量身打造的獨特握手方式歡迎每個隊友上場，這需要滿多記性與協調，背後意思倒清楚，身為隊長的他在展現對每個隊友的認同，而且藉此表示籃球比賽開打了。我們公司有各式各樣的儀式，其中我很愛的是，我們如何歡送離職的團隊成員迎向職業生涯下一章。我們會找大家齊聚一堂，表達對那位同事的感謝，一週後那同事會收到一顆專屬的地球儀——象徵我們的感謝，而且提醒他們：但願無論他們前往天涯海角，都能讓世界變得更好。

沒有手銬。當你把世界看成零和遊戲，最終只能有一個贏家，你會傾向於消除競爭。其中一個方法是要求員工簽下競業條款，日後他們若離職，在一定期限內不得加入競爭對手的公司，也不得創業跟老東家打對臺。另一個消除競爭的方法是靠合約和分紅，有效賄賂高階主管留下來——直到合約到期或付不出分紅。這些動作反映對人性的誤解，勉強銬住人員無法換得絕佳表現，反而導致提不起勁，甚至心懷不滿。萬一你手邊沒有這些招可用呢？到那時候怎麼辦？我猜你會專心打造大家不想離開的工作環境。我希望同仁**每天選擇**跟我共事。電商薩波斯公司（Zappos）跟我有志一同，有個很出名的政策：如果員工在剛進公司一週左右選擇離開，能領一千美元離職金。為什麼？因為他們希望只有一心想待的員工留下來。亞馬遜在二〇〇九年收購薩波斯公司[59]，很愛這項政策，決定讓出貨中心的人員每年可以選擇拿離職金離開，給長期員工的離職金為五千美元。博祖克照護公司創辦人布拉克的做法遠遠超乎競業條款，當競爭對手前來探察他們公司為何能做出好成績，他主動教對手怎麼移植他的做法。如今博祖克照護公司跟全荷蘭將近八成的照護機構有合作關係。為什麼？因為博祖克照護公司的目標不是增進客戶的健康福祉，而是增進**整體**健康福祉。

成員的實行

團隊規章。我們急著想做事，在成立新團隊時常忘了基本功。管理階層把八個人叫進會議室，指派其中一位為負責人，然後大家趕鴨子上架。但這是在糟蹋機會。我們要是趁早處理某些重要議題，可以避免日後很多模糊與衝突。正因如此，我喜歡在團隊開始**行動之前**，先訂立團隊規章，請大家同意幾項清楚的要點。團隊規章稍能想成是團隊的作業系統，讓成員回答幾個關鍵問題，像是團隊存在的原因，還有大家想怎麼彼此合作。首先，找來一組新

（或舊）團隊，回答下列問題。切記，這只是起頭，如果大家願意，規章可以加長許多。當你們想好之後，可以用同意流程（見第 97 頁）確認是否值得一試。這份規章隨時能修改，尤其是團隊出現異議或重大改變的時候。

- 團隊存在的原因是什麼？
- 我們如何對公司的成功做出貢獻？
- 我們的權責是什麼？
- 我們接下來〇〇天的主要目標是什麼？
- 我們怎麼知道自己是否成功了？
- 我們要遵循什麼原則？
- 我們接下來〇〇天的當務之急是什麼？
- 做這工作需要扮演什麼角色？
- 我們各自扮演什麼角色？
- 還有哪個角色沒人擔任嗎？

- 我們對彼此有什麼期望？
- 我們的用戶或顧客是什麼人？
- 我們有什麼決定權？
- 我們做哪些事情不用請示上級？
- 我們在哪個範圍裡有自主權？
- 我們是否對無從控制的事物負有責任？
- 我們如何做決策？
- 我們握有什麼資源？
- 我們的開會節奏如何？
- 我們要多常舉辦回顧會議？
- 我們用什麼工具溝通與協調？
- 我們如何跟彼此及公司分享工作？
- 哪些學習方法有助我們向前？
- 我們如何知道是否有進步？

我的使用者指南。團隊規章有助於釐清團隊整體的目標與樣貌，但不太會讓團隊內部的關係更密切與深入，於是「我的使用者指南」派上用場。這個聰明概念是克羅魯（Ivar Kroghrud）在接受《紐約時報》訪問時提出：我們何不每個人都寫一份「怎麼跟我共事」的使用者指南，跟團隊成員分享？他們會突然知道為什麼我們總顯得滿心疑慮，喜歡當面給意見回饋，聽到好的雙關語就眉開眼笑。這樣能省下多少時間與困惑啊？「角落辦公室」前編輯布萊恩（Adam Bryant）是最先訪問克羅魯的人，他分享二〇一六年《紐約時報》新工作高峰會（New Work Summit）所討論使用者指南裡的重要問題。你可以用便於分享給全公司的文件檔案，請同仁回答這些問題，再把大家齊聚一堂，若想讓大家答得更坦率可以提供酒水，然後請他們各自分享不加掩飾的答案。如果你是團隊負責人，就第一個講。你會連一根針掉到地上的聲音都聽得見，因為全場在屏息聆聽他們過去數月甚至數年來想破解的密碼：你為什麼會有某些行為[60]。

有關你的問題

- 你有什麼祕密的特點？

- 什麼會讓你抓狂？
- 你有什麼怪癖？
- 別人怎樣的行為會讓你大加分？
- 你特別重視同事的什麼特質？
- 別人可能怎樣誤解你，是你想澄清的？

有關你與他人關係的問題

- 你如何教別人發揮最佳工作表現並充分開發天賦？
- 哪種溝通方式對你最適用？
- 哪種方式最能說服你做某件事？
- 你喜歡怎樣給出意見回饋？
- 你喜歡怎樣收到意見回饋？

感謝。增進團隊或部門成員關係的超簡單方法是互相感謝。研究指出，感謝能提升福祉，減少不耐煩，促進大腦功能。這有個很簡單的展開方法：在下一次開會的開頭或結尾，請每個人停下手邊的事，想一下在團隊裡有什麼感謝的人事物，然後大家依序分享。不必天花亂墜，只是誠實地說：「我很喜歡你的神采奕奕。」或是：「在我需要幫助的時候，你就在那邊。」或是：「你是這棟樓裡最讚的設計師，我們有你真好。」有點起雞皮疙瘩？的確，但對士氣的提升超乎你想像。平時我們忘了這麼做，覺得肉麻[61]，但不行，就是得感謝才行。

成員的改變

我們「準備公司」教團隊轉型的極重要方法是：界定需主動以新方式工作的範圍。這很關鍵，因為我們是即時改變那範圍的要求與協議。正因如此，你會在接下來的部分讀到，我們專注於邀請（而非逼迫）人員以新方法工作，告訴他們，如果你踏進這個地方，就是決心做新嘗試。這正是所謂的**準備**，我們的成員要滿心樂於改造工作方式。

成員的提問

下列問題可以拿來問整個組織，也可以拿來問個別團隊，激起大家討論當前現狀與可行進展。

- 公司裡有什麼成員制度？
- 成員資格是如何得到？又是如何放棄？或是如何廢除？
- 所有成員對彼此有什麼期望？
- 如何找出期望的成員並招募進來？
- 新成員如何加入公司？
- 各團隊內部與各團隊之間關係的本質為何？
- 成員如何在團隊和其他界線之間移動？
- 成員如何離開這個大家庭？

＊正向待人如何落實在這個主題上？

體認到人人需要歸屬感，在公司和團隊裡皆然。別打造一道無人可逃的圍牆，而是確保界線夠通風，成員能持續換新血。擁抱各自的不同，留出讓大家全神投入的空間。

＊錯綜意識如何落實在這個主題上？

明白自我管理的前提是熱切承諾和參與。別被過往的架構和政策綁住手腳，彈性應變的系統不該看起來像是充斥一堆二十年老手的傳統雇主。想一下能夠激發你的行動，當作成員的方向。

超越▪ MASTERY

我們如何成長和茁壯；走上自我發現、自我發展之路；增進腦力、能力與實力。

橋水基金（Bridgewater Associates）是全球最大的對沖基金，有一個非比尋常的習慣：替對話錄音，每天幾乎所有會議都錄音。這可不是都市傳說，而是千真萬確，我本人就有親身經歷。幾年前，我受邀去西港和他們的高階主管會面，剛走進辦公室，他單刀直入地問：「你介意我們錄下來嗎？」我早已聽說此事，做好心理準備，所以回答：「錄吧！」他按下桌上的按鈕（辦公室設有線路），我們展開討論。每隔一陣子，他會記下時間以便之後回頭聽。我承認起初有點讓人分心，但沒多久就忘了錄音這回事。原本我以為會不自在，離開時卻主要是滿心好奇。

讓我好奇的不是錄音這件事，而是**為什麼**要這麼做——背後有何原則？而橋水基金背後的原則是「高度公開透明」。創辦人達利歐（Ray Dalio）和團隊認為，如果你希望公司做好決策，公司文化必須要隨時成長與學習。所以他們錄下對話，互相檢視，像球隊般「調出帶子」，研究發言內容與各種狀況。橋水基金的企業文化並非人人適合（甚至有人會說簡直像是邪教），但他們的高階主管認為，橋水基金稱霸業界的原因正在於此：一心尋求激烈的意見回饋。我離開他們總部時拿到一小本線圈手冊，裡面有類似人生和工作的藍圖，核心概念是意見回饋與持續學習。這份藍圖不久後由達利歐寫為暢銷大作《原則：生活和工作》

（*Principles*）。

另一方面，我們其他人在做正好相反的事情。在《每個人的文化》（*An Everyone Culture*），作者凱根（Robert Kegan）和拉赫（Lisa Lahey）說：「在一般企業，多數人都在做一個沒錢領的副業，那就是掩蓋自己的弱點，隱藏自己的局限[62]，操控別人的印象。」泰勒主義的一個後果在於，工作變成不是在**學習**，而是在**表現**。自信與沉著獲得推崇，謙卑、脆弱與掙扎形同軟弱，於是我們為別人（及自己）演出一場秀。自我變得膨脹且脆弱，學習則成為祕密的恥辱。這樣根本沒道理。

現在回想一下你在職場裡成長最快的時候。當時是什麼狀況？讓我猜猜看，當時你碰到難題，也許收到很尖銳的批評指教，不然就是接下不可能的案子，總之招架不了，無法再假裝自己多完美，於是你被解放了，自由尋求協助，去嘗試與犯錯，逼自己突破平時的極限，最終逢凶化吉，往上升級，不僅更懂這難題，也更懂你自己。我們是從挫折與阻礙中成長，從拉扯中成長，從超過能力的難關中成長，別無選擇只能硬著頭皮去突破。但如果我們忙著避開難題，可就沒有破繭而出的機會。

在經典大作《第五項修練》（*The Fifth Discipline*）中，聖吉（Peter Senge）提到**自我超**

越的概念，定義為「這個修練是持續釐清與深化我們的個人觀點，集中精力，培養耐性，並客觀看待現實[63]」。這很類似橋水基金的精神，凱根和拉赫的書是把橋水基金描述為「全心投入發展的組織」。達利歐的核心原則之一是「擁抱現實並好好處理[64]」。在致公司人員的信中，他問團隊：「你們比較擔心自己有多好，還是學得有多快？」他所說的是，我們必須潛入表面底下，探進自己的面具後方，正視事實並開始成長。

極力追求公開透明必定令人不舒服。我們得露出自己的不完美，面對平時避開的感覺與情緒，也許聽見損及自我的聲音，也許聽見動搖安全感的聲音，也許收到好友的嚴詞批評，也許得知主管說資金日趨減少而唯恐發不出薪水，也許面對自己的特權（或缺乏特權），跟同事一起開誠布公地處理各種錯綜變局。這殊非易事，有賴我們全力以赴。

在此我們看見超越與成熟的關聯。如果我們不夠成熟、勇敢和謙卑，就無法歡迎種種刺激持續成長的難題，那麼空有天分與才能只是徒勞。這種樂見難題的能力相當關乎心理學家所謂**核心自我評價的四個方面**：控制信念（locus of control）、神經質、自我效能及自尊。根據我們對這些方面的自我評價，滿能預測日後的工作滿意度與工作表現[65]。不過控制信念跟超越格外有關，此概念由心理學家羅特（Julian B. Rotter）所提出，呈現人自認對日常事件的控制程度。**內控型**的人自認很能掌控日常事件，**外控型**的人則相反，認為是操之於命運或他人之手[66]。你可以把這想成對決定論的個人投票。後來心理學家杜維克（Carol Dweck）在《心態致勝》（*Mindset*）運用此概念[67]，擴展到學習領域，提出如今很知名的固定心態和成長心態：固定心態的人認為自己的能力不會改變，潛能天生注定；成長心態的人認為努力和心態決定能力，把失敗當作成長的機會。

當然，重點不是哪種觀點才正確，而是哪種觀點最能帶來有益結果。以此來說，無庸置疑，內控型信念和成長心態獲勝。當你相信選擇和心態很重要，你會認真過日子，努力讓事情變好，邁步追尋夢想，永遠堅持不放棄，於是迎向更多的鍛鍊、失敗與學習。談到工作的未來，一切關乎連結更深的自我——我們的同理心、我們的脆弱、我們的勇敢、我們的謙恭、我們的人性。諷刺的是，正是替**不完美**創造空間的公司，最終擁有最出色的團隊。

思考挑戰

成熟度模型狂熱。綜觀學習與開發空間的模型，一種是建立角色、技能和方法的成熟度模型，替自己和同事評定分數與等級。這讓人想到二十世紀初期愛把事物分門別類的時代，武術界興起以腰帶顏色從白到黑表示段數。在那之前，等級只是師徒之間私下的評量。為什麼我們追求成熟？因為成熟象徵自給自足，能幹而明辨。這很棒，但成熟度**模型**源自我們意圖把所有錯綜硬塞進複雜框架裡，把不斷變化的知識與技能光譜、各按其標準變成固定數值等級。這些模式導致對教條與標準的遵從，而非對實力的追求，不啻本末倒置。你想達到**這個**等級，就得知道**這些**事情。當從沒實戰過的空手道黑帶，遇上沒受過正式訓練的格鬥選手，誰更可能贏？誰的成熟度高？幸好，要拋開這些累死人的模型很容易，我們可以著重師徒之間的實際演練與知識傳承，雖是苦工，至少能不再追尋腰上的帶子，開始真正把事情做好。

從做中學。另一個追尋超越的複雜方法是**訓練**。這在以前最常是交由某個「臺上的大師」，由專家向全場學生傳道解惑，但現在愈來愈常是透過網路的訓練模組，等同於一張張花俏的投影片。這種學習方法仍出奇熱門——每年美國企業花九百三十六億美元在訓練上。唯一的問題在於，資訊的傳遞與複誦不是學習，至少不是我們所需的那種學習。誰要是以為，靠有關無意識偏見的多選題考試能消除種族歧視，可真是自欺欺人。如今我們面臨許多錯綜的議題，諸如隱私、安全、永續和民主本身的未來等等，最迫在眉睫的問題在十年前幾乎不存在。你還記得了解錯綜系統的唯一方式是與之互動嗎？最重要的知識、技能和超越是在最前線，直接與現實接壤，這意謂著我們的訓練方式與知識管理亟需徹底改變。班戈大學應用複雜中心（Centre for Applied Complexity at Bangor University）主任史諾登（Dave Snowden）花數十年思索知識管理，十年前提出七個顛覆我們現有做法的原則：

(1) 知識只能是自願的，不能是徵用的。
(2) 只有在需要時，我們才知道自己知道什麼。
(3) 在真正需要下，很少人會藏私知識不透露。
(4) 一切都是片段的。
(5) 面對失敗比成功更有助於學習。
(6) 嘴上說的知道是一回事，實際的知道是另一回事。
(7) 所知的總多過所能說的，所能說的總多過所能寫下的[68]。

每一點都值得寫成一整章，總之啟示是：我們得明白，知識就是難以完全提煉與傳遞。

我們必須創造緊密的工作環境，大家擁有的知識不同，能力各異，臥虎藏龍，需攜手工作與學習。人人能選擇從角色和專案來擴展自己，靈活流動，即使卡住，也有餘裕與空間自行從經驗裡學習，讓對話與領悟取代記憶與背誦。舉電商平臺艾特西（Etsy）為例，他們在內部成立艾特西學院，由員工參與和授課，課程包羅萬象，涵蓋網版印刷和 Python 程式語言等，讓各路好漢跨團隊接觸，在工作內外一起成長[69]。

超越的實行

混合角色。在骨董工作環境裡，極妨礙個人成長的是我們只擔任單一固定角色，遵循標準化的職責，只做一件事，無法面對不同狀況、發展不同能力。很多人在相同職位一待數年，才換到別種角色。這樣一來，我們難以善加培養各種技能與興趣、善用不同機會，個人以及公司的潛能徒然受限。從組織架構來說，我們能靠拆解職銜，從單一角色擴大到許多角色，達到「混合角色」，隨個人成長更替變動，擔任某些角色、放下某些角色，職涯道路因而有趣甚多。我們不再是面對某次遽然改變一切的升遷，職位角色如同學習與淬鍊的貨幣，哪裡能學到最多就去，哪裡能貢獻最多就去。為了達成此目標，你可以先請每個團隊成員說一說他們**已經**在擔任的特定角色，包括名稱、目標與責任，然後大家評估想繼續做哪些角色、想拋開哪些角色。接下來，請團隊負責修改、新增與廢除角色，之後每位團隊成員得為自己的混合角色負責，每個團隊得為隊中各個角色負責。當然，你會需要決定角色是靠指派、選拔或雙向協商，但這能依個案而定。如果你開始好奇要如何在這種系統補償成員，別擔心，接著我們就會談到。

回饋儀式。傳統的績效管理絕非正向待人，談到追尋超越自然如是。根據**單一**觀點衡量人員的**年度**表現，靠分數替他們**排名**……唔，我要從何開始？這個時間框架對於意見回饋捉襟見肘，會議上的指教遠遠為時已晚，而且員工評鑑非常曠日廢時，研究指出企業主管平均每年花二百一十小時在員工評鑑上[70]。最糟的是，員工因此把個人成長當作事不關己，袖手旁觀。這是削弱員工的能力，而自從麻省理工學院教授麥格雷戈在一九五〇年代探討人員參與以來，我們理應知之甚詳才是。此外，這自然也涉及個人表現與團隊表現的區分。如果個人成績亮眼，所屬團隊卻表現不佳，這種人該獲高分嗎？那代表什麼？包括 Adobe、Gap 和 IBM 等許多企業近年很關注此議題，揚棄年度評鑑，偏好更頻繁與準確的評量。由主管和同事即時回饋意見很好，但後退一步從宏觀角度評量也有價值。下列是一套兼顧兩者的方法，妥善給予意見回饋：

(1) 根據你們公司的狀況，設定深度意見回饋的區間。我的建議是一百二十天。

(2) 在這段區間，要不就靠軟體（如 Slackbot 或谷歌表單），要不就靠願意做這項工作的團隊，詢問每位人員是否想得到意見回饋。如果他們不想，別勉強，幾個月後再重問他們一次。

(3) 如果他們想，則問是想用標準問題（開始／停止／繼續之類的），還是寫下來。

(4) 問他們想從哪三到五位同事獲得意見回饋。如果你是靠軟體自動處理這部分，甚至能主動推薦他們最常溝通聯絡的對象。

(5) 把問題交給所指定的同事，在限定時間內請他們回答。這要如同儀式，列為優先事項，受公司文化推崇鼓勵。

(6) 整理答案，傳給本人。請他們選擇意見回饋的分享對象，包括主管（若有的話）。

(7) 邀他們跟回答的同事碰面討論，例如：「根據你收到的意見回饋，你對同事有什麼問題想問？」這有助他們找出努力的方向，真正浴火重生。

(8) 最後，別讓這套意見回饋措施成為避開即時討論與回顧的藉口。每次互動、衝刺或專案的結束，皆屬意見回饋的機會。在每次重要活動或大事之後，我們公司的團隊會留時間進行意見回饋。在新的會議上，我也許會問某個同仁：「你注意到什麼？發生了什麼事？什麼事情讓你訝異？你有什麼意見想回饋給我？」

社群合作。如果技術人員不跟技術人員坐在一起……如果資深行銷人員放生資淺行銷人員……他們要怎麼學習技能？當我們從功能穀倉邁向功能整合，這些問題時常出現。答案很顯而易見：有共同工作或興趣的人員該定期碰面，彼此教學相長。如果公司架構以創造價值為第一要務，使用者體驗設計師不該分分秒秒黏在一起，也不該遙遙遠遠形同陌路。我們要鼓勵具相同工作或興趣的社群實現有機合作與管理。比方說，在音樂串流服務商 Spotify，有共同工作（如軟體測試）的群體稱為**分會**，有共同興趣（如永續發展）的群體稱為**公會**，依各自的頻率和形式碰面切磋，而且各成社群，靠簡單的通知邀請就能交流：

永續發展聚會／週四下午四點／如果你想一起規劃接下來九十天我們如何達到碳中和的目標，就來共襄盛舉吧！

使用者體驗設計師的實作小聚／週三上午九點／只要有參與使用者體驗工作或純粹好奇，都可以來交流切磋！

超越的改變

在進化型組織，高效工作有賴於一定程度的成熟與幹練。人員要是缺乏自覺或自信，恐怕難以做好自我管理。如果你無法展現脆弱，談何坦然公開，簡直太可怕了。即使我們自認管好自我，這仍難上加難。如果你不清楚自己的才能與目標，自尋方向真是天大考驗：**以前都是別人七嘴八舌叫我怎麼做，現在我得靠自己決定？**正因如此，重點是作業系統的改變需持續進行，而非一勞永逸。一個做法帶來下一個做法，我們從重複中逐步超越。你要從現在所在的地方開始，不是從未來想在的地方開始。

超越的提問

下列問題可以拿來問整個組織，也可以拿來問個別團隊，激起大家討論當前現狀與可行進展。

- 我們學習與發展的方式是什麼？
- 我們如何定義勝任，加以衡量？
- 勝任與否是如何影響我們的角色？
- 為了達成目標，我們需要哪些知識和能力？
- 我們如何給予和得到意見回饋？
- 我們如何讓大家升級與超越？
- 能力如何形塑或影響職涯道路？
- 談到個人學習與成長，我們對人員有何期望？

＊正向待人如何落實在這個主題上？

體認到發展個人與職業能力是基本人性需求。如果你能打造出人人迅速精益求精的環境，公司同仁絕對臥虎藏龍。人會主掌自己的成長，你要讓他們自行決定如何獲得意見回饋，怎麼往前進步。

＊錯綜意識如何落實在這個主題上？

明白能力很錯綜複雜，因事而異，別簡化為固定數值。請記得，敬畏專業可能阻礙發展、錯失機會。讓人員靈活學習是遠遠好得多的做法，他們能在工作上學習，不是一個蘿蔔一個坑，而是自由揮灑與超越。

酬勞 ▪ COMPENSATION

我們如何提供薪酬；包含薪水、紅利、佣金、津貼、補助和股權等，用來換取員工在公司的參與。

人人需要養家活口。也許因此「salary」（薪水）這個字源於拉丁文「salarium」，跟拉丁文的「salarius」（鹽巴）拼法很像[71]。我們靠工作滿足基本需求，如食物、飲水和住處，但現代對酬勞的概念遠超過基本需求，而且不單只是工資，還包括各種金錢與非金錢的誘因，吸引人員，留住人員，甚至激勵人員。儘管數十年來研究顯示酬勞無法激勵人員，企業仍不改做法。想讓某個人開心嗎？那就付他更多錢；想讓某個人奮發工作，達成目標嗎？那就在他面前吊一根胡蘿蔔。

在美國，還不錯的全職工作大概每月領一或兩次底薪，包含健保和退休儲蓄金、帶薪病假、帶薪休假，外加績效獎金。全球頂尖公司的重要員工還外加認股、育嬰假、孩童保險、通勤補助、免費餐點與零食、休假補助金、員工旅遊、職涯規劃、研討會、公休、冥想室、健身房、請假無上限、遠距工作選項、免費科技和物資、公司宿舍，當然還有辦公室桌球臺。企業四處爭奪人才，辦公環境愈來愈像費用全包的高官俱樂部。

許多專業人士缺乏工作上的目標與意義，把職場生涯視為一系列往上爬的墊腳石，從這份薪水與職銜，換到下一份薪水與職銜。然而雇主和員工雙方的這股狂熱實出於誤解，沒弄清酬勞是一回事，快樂、滿意與忠心等結果是另一回事。許多研究設法檢視「薪水、分紅與公司獲利」跟「人員表現」的關聯，卻赫然發現**兩者無關，甚至稍微呈現負相關**[72]。

管理大師戴明說得沒錯：「酬勞無法激勵人員。」那什麼能激勵人員？一九五九年，心理學家赫茲伯格（Frederick Herzberg）提出雙因素理論，回答了這個問題。他探究工作滿意的因素，發現滿意的相反並非不滿，滿意與不滿其實源自兩組截然不同的因素。**激勵因素**（motivator）包括成就的認可、工作的有趣度、工作的意義、決策的參與、個人成長，以及升遷，這些因素靠提升工作本身來增加滿意度。相較之下，**保健因素**（hygiene factor）包括公司政策、職位狀態、職位安全、監管實行，以及——你有想到嗎——薪水與紅利，這些因素靠提升工作環境來**減少**不滿意度。這對酬勞來說有何意義？意義是把太少的薪水調高，能減少工作**不滿度**，但把不錯的薪水調高，無法增加工作**滿意度**，實質意義不彰，而且效果短暫[73]。

這也不會讓我們更快樂。根據《美國國家科學院院刊》（*Proceedings of the National Academy of Sciences*）的一項研究，家庭年收入超過七萬五千美元之後，我們不會再變得更快樂。至於不到七萬五千美元的家庭，薪水增減會影響是否快樂[74]。這篇論文的共同作者之一是心理學家康納曼（Daniel Kahneman），堪稱探討認知偏誤的先鋒，在接受《紐約時報》訪談時說：「與其說錢能買到快樂，不如說缺錢會買到悲慘[75]。」聽起來很耳熟嗎？心理學家赫茲伯格所言甚是。這並非指所有工作的年薪上限該訂為七萬五千美元，供需法則仍適用於薪資市場，但無論是雇主想靠酬勞提升員工的表現和滿意度，還是員工衡量不同薪酬與職涯的優劣，不妨停下來三思。就像美國歌手安東諾夫（Jack Antonoff）在歌曲〈別拿那錢當回事〉（Don't Take the Money）所唱的，酬勞是保健因素，別想成有多大能耐。

思考挑戰

落差問題。美國通過同工同酬法已經半個世紀，但女性跟男性的薪酬仍有一段落差，大概僅男性的七八到八〇%。許多少數族群面臨類似落差，有些甚至日趨擴大。薪資落差是個錯綜現象，一方面源自偏見與歧視，一方面也源自整體教育與社會問題。丹麥是全球數一數二平等的國家，最近那裡的研究卻指出，全職女性員工的酬勞比男性低一五到二〇%。這乍看令人意外，但其實源自育兒。女性在生完第一胎之後，收入驟降三成，主因不是同工不同酬，而是根本選了不同工作，基於為人母的需求，尋求高彈性或低工時的工作，把時間精力留給帶小孩。就算之後她們跟男性人員同樣薪水漸增，落差始終無法完全填平。這現象也見諸現在廣獲討論的主管落差。在標準普爾五百指數的企業裡，女性占總人員的四四％，但只占高階主管與資深職位的二五％，更只占執行長的六％。如今企業若想提供相同的酬勞或機會，主要難處不在薪資高低，而在特權問題[76]。

公式酬勞。因應偏見的一招是公式酬勞，巴福網路公司和堆疊洪潮討論網（Stack Overflow）即公開採用本法。去他們的網站上輸入有興趣的職位、工作經驗和地點，就能計算出在那裡工作的薪水[77]，合則來、不合則去。你若去跑應徵流程，實際薪水會如出一轍，沒得討價還價，同級的別人領多少，你就領多少。公式酬勞藉此減少偏見的影響：相較於白人男性，少數族群比較不會積極談高薪資。這方法讓愛設法抬高薪資的求職者不太習慣，卻是消除例外的徵人思維。另一個類似方法是依貢獻決定薪資，由同事替彼此的貢獻度（或貢獻能力）評分與排名，再由計算公式或委員會決定薪資金額或區間。這結果可能是公平公正，也可能是人緣比賽，取決於大家的成熟無私程度——但話說回來，箇中差異還是很難釐清。這兩種方法都唯恐把錯綜問題過度簡化。我們怎麼知道把薪資分為七個區間對不對？按城市決定薪資，是否能保障相同的生活品質？這類問題揮之不去。

市場酬勞。按自我管理系統的精神，許多公司把酬勞交由市場決定，雖然方法各式各樣，但基本上是以業內平均薪資為基準，當作考量的依據。Netflix 把這方法拉高一層，以付**業內頂級薪資**聞名。這是個人化的做法，又名「付給這個人」，靠三個問題決定某位團隊成員的頂級市場價值：第一，這個人員在其他地方能領多少薪資？第二，我們換成僱別人會付多少？第三，如果其他公司付更多錢，我們要付多少以留住這個人員？目標是讓每位人員領到符合自身最高市場價值的薪水。這有時帶來大幅加薪或頻繁加薪，有時造成減薪。不同於一般的市場定薪模型，Netflix 其實不相信職銜或角色能決定市場價值，就像「同樣叫『工程總監』的人，能力有高有低[78]」。付市場最高薪很好，但往往仍是由主管依單一觀點決定人員的價值，必然受下意識的偏見與偏心所影響。

自訂酬勞。如果公式酬勞失之簡化，市場酬勞囿於偏見，還有別種方法嗎？有，讓人員自行設定酬勞。這做法看似激進，但有些公司已然實行幾十年。先前我提過番茄加工商晨星公司，你大概還記得他們人員每年會重新替自己設定職務與薪資。大家有內部和外部的薪資數據，結合公司的財務狀況，考量各自的混合角色，替下一年提出建議的薪資。接下來，大家選出的委員會檢視提案，建議某些人調低金額（也許個人過往紀錄或公司整體狀況不夠好），鼓勵某些人提高金額（也許他們低估了自身貢獻）。大家可以聽從建議，也可以不從，多半是欣然接受，就算絕少數人抵死不從，也有衝突協調機制，但大多僅備而不用。由於薪資夠公開透明，多數人會妥善設定金額，通過同儕審核無虞。這樣自訂酬勞的做法乍聽奇怪，卻**沒那麼罕見**。除晨星公司外，還有賽科公司（Semco）、布魯金凡登公司（Bruggink & Van der Velden）、英賽卓公司（Incentro）、哈諾公司（Hanno）、依杜勒公司（elbdudler）、優質可樂公司（Premium-Cola）和 AES 公司，這些公司都讓員工自行妥善設定薪水。此外，自訂酬勞對財務、管理和集體負責有無與倫比的功效。

零工經濟。零工經濟的平臺愛自稱解救了美國勞工，讓原本就業不足的人自己當老闆，實現創業夢。畢竟，如果雇主是優步（Uber）、來福車公司（Lyft）、葛拉哈公司（Grubhub）、挨家戶公司（DoorDash）、快遞客公司（Postmates）、福法公司（Fiverr）或任務兔公司（TaskRabbit），員工可享有空前自由，彈性選擇工作的時間和地點。然而從現實面來談，很多這種零工需要錢，所以斜槓與複業，未充分就業甚至失業，僅賺取微薄酬勞。八五％的零工每月賺不到五百美元，勉強養家活口；這聽起來不像什麼終極的自由創業。更大的麻煩在於，每四個美國人就有一個是參與零工經濟。工作變成一系列靠應用程式仲介的交易，他們與創業實則背道而馳。如果你是在共享乘車平臺來福特公司工作，你（但願）尋求成長，盡心盡力，看到什麼值得做就去做，但如果你只是替來福特公司**開車打零工**，簡直可割可棄，雖然能拿到錢，但不會了解整間公司。豈會了解呢？問題就在這裡。如果經濟變成人人「按件計酬」，唯恐丟失企業公民的精神。如果我們把工作**切得太碎**，「這不是我的分內工作」會變成琅琅上口的生活方式。當我們需要大家心手相連共創未來，脫節的問題更會浮現[79]。

酬勞的實行

透明公開。怪的是，我們如此重視酬勞，談酬勞卻是禁忌。至少在西方，我們不太談錢——這話題討人厭。無論在團隊裡或公司外，與其談薪水，還不如談政治。當然，這也造成某些問題，主要是「資訊不對等」，在協商時一方比另一方知道得更多，知道得少的居於劣勢。以就業來說，雇主所知甚多（如你這層級每位員工的薪資），員工所知甚少，因此同一職位有各種薪水，工資偏差嚴重，整個產業如此，單一公司亦然，過半數起因於員工不清楚各企業的薪資水準與條件[80]。一個簡單解方是揚棄談薪水的禁忌，把公司內部與整個產業的薪資變得公開透明。巴福網路公司不只公開薪水公式，還公開全公司人員的薪水與股權，詳見官網（buffer.com/transparency）。你也許會說巴福網路公司僅一百二十個員工左右，規模相對較小，但請記得，規模龐大的全食超市從一九八六年即在內部公開薪水資料。事實上，舉凡納馬斯特太陽能公司（Namasté Solar）、職業晶圓廠公司（CareerFoundry）、眾籌公司（Crowdfunder）、總和公司（SumAll）和美國聯邦政府，統統在內部公開薪資，雖然得額外花時間精力，但功效不言自明：求職者增加，偏見與不公減少，信任度提升。有些研究甚至指出，薪資公開的公司效能較高。這做法聽起來也許還是有點激進，但現在已經有玻璃門（Glassdoor）和 Salary.com 等職場資訊平臺，供職員匿名分享薪資。舉玻璃門職場資訊平臺為例，光是美國微軟就有四萬五百八十九筆用戶提供的薪資資料。輪子已經滾動，公開透明正在成真，如果你想搶先一步，不妨先採用下面幾個步驟：

(1) 確保現有薪資反映你自己所定義的公平，有一套言之成理的解釋方法（因為你會面對一堆提問）。

(2) 先從教育程度開始，討論公司財務與訂薪方式，確保人人有機會了解現有做法的背後道理。

(3) 評估團隊成員是否能坦然說出對薪資公開後的擔憂。公司文化愈開放，你愈容易擺平實施公開後的疑難雜症。

(4) 尋求每個人的同意。預先決定你是要採全員同意制或多數同意制。這問題格外具爭議性，如果你一意孤行，唯恐失去人才。不妨從某個願意的部門或單位先試行，看模式行不行得通。

(5) 公開發布薪資資料，召開全員會議加以討論，鼓勵大家提出薪資系統的不公之處，準備做出調整，提供諮詢措施，向少數不接受的人員說再見。

(6) 在最初公布完的餘波消弭後，確保薪資調整計畫符合新的公開透明文化，然後就能坐下來好好享受公開透明的好處！

消除獎金。獎金對效能是適得其反，頂多是在獎勵既有行為，而且還剝奪其內在價值，甚至可能鼓勵負面行為，例如裝弱打混、惡性競爭和惡意操弄。更糟的是，個人表現其實是迷思。確實有些高手武功高強，比如某位程式設計師的功力比一般同行人員強十倍，但個人厲害是一回事，團隊制勝是另一回事。你可以問一問二〇〇四年的美國男籃奧運代表隊，隊上囊括鄧肯、艾佛森、韋德、安東尼和小皇帝詹姆斯等頂尖球星，結果……輸給阿根廷。為什麼？因為缺乏化學反應。真正的表現，我們最終在乎的表現——是團隊表現。不發獎金，而是直接付高於市場的高薪給頂尖人才，然後退到一旁，任憑他們自由發揮。如果你真的很想為出色表現獎勵團隊，不妨按薪資比例把獲利分紅給他們，這樣較難作弊，而且讓人人密切相繫。

酬勞的改變

由於酬勞通常不透明，而且跟職銜、職位有關，如果想改成公開透明，可能會引起某些人的焦慮。原本薪資高得不成比例的人，或許出於罪惡感，或許害怕薪資減少，可能不太願意揭露薪資資訊。原本薪資較低的人知道實情後，或許感到不受重視。雖然防護措施不見得都可行，你還是可以試著向大家提出風險防護措施，比如：「在我們採取薪資公開與分配的新政策之後，除非你同意，否則誰也不能調降你的薪水。」

酬勞的提問

下列問題可以拿來問整個組織，也可以拿來問個別團隊，激起大家討論當前現狀與可行進展。

- 我們如何設定薪資？
- 我們還有提供什麼好處或服務？
- 我們是否提供何種激勵？
- 何謂薪資公平，又要如何實現？
- 我們用何種機制減少薪資受偏見的影響？
- 如何促成酬勞的改變？
- 我們是否把獲利分紅或配股給人員？
- 我們的成員制度與酬勞分配是如何搭配？

＊正向待人如何落實在這個主題上？

體認到酬勞是保健因素，該公平公正，勿導致不滿，但重點要放在自主、超越與宗旨——真正激勵人心的因子。如果可以的話，改採獲利分紅或類似方式，讓每個人把公司整體的成功當作己任。

＊錯綜意識如何落實在這個主題上？

明白公式、校正系統、技能量表或職銜分類有其局限，不足以完全反映人員的錯綜面向。唯有靠公開、對話和妥善判斷，方能釐清何謂公平，但即便如此，問題不會迎刃而解，你仍需面臨難以消除的固有偏見與特權。酬勞問題無從根除，但務必設法改善。

善用作業系統畫布

現在你熟悉了作業系統畫布，我們簡短談一下如何善用。作業系統畫布如同許多工具，有各式各樣的用法。在我們公司，有些團隊是當作**描述**工具，說出他們（或別人）的工作方式；有些團隊是當作**診斷**工具，探索所發現的正面模式或負面模式（例如為何新人覺得入職訓練很難懂）；有些團隊是當作**激勵**工具，想像公司能如何進化。

但我們公司主要是當作**理解**工具：分辨團隊實際的做法、難處和實驗，請團隊自己解讀。無論團隊如何運用這工具，只要開始有系統地思考工作方式，通常能恍然大悟。開會不只是開會，而是成員的論壇，是分享資訊的時機，是尋求同意的良機；或者可以是浪費時間。作業系統畫布能促進對話，而對話能促進改變。

準備好了嗎

所有決定都涉及情緒。當你面對選擇時，腦部下皮質結構會產生各種情緒、直覺和感官感受，在你尚未充分意識到之前就先下了決定，此即所謂的「直覺反應」。各種思考系統緊密連結，迅速反應，我們甚至不知道腦中正暗潮洶湧，還以為自己做的多數決定很理智客觀，但才不是這麼一回事[81]。

正因如此，我想讀到這裡的你已經做了決定。在你的頭腦或身體某處，答案已然浮現。你要嘛認為工作方式需要改變，準備大刀闊斧改革；要嘛認為不需改變，無動於衷。從這裡開始，我是在講給相信的人，講給摩拳擦掌的人，講給準備冒險的人，講給胸懷願景的人，講給**發自內心**明白若我們人類不攜手改變就無法迎向美好未來的讀者。

所以接下來我們要怎麼做？答案很簡單，實行很困難。無論是在公司、教育界、慈善機構、公家單位、社區或甚至家裡，如果你對別人有影響力，就有責任增加系統的人性與活力，讓系統更能靈活適應變局。如果你同意我的話，我們就出發吧。

PART

3

改變成真

與怪物戰鬥的人，應當小心自己不要成為怪物……當你凝視深淵，深淵也凝視著你。

——尼采

當你豁然領悟工作的未來，想必等不及把這本書拋開，大步走回辦公室，宣布：**我們要大刀闊斧地改革啦**。畢竟領導者當如是吧？領導者要激勵大家，率眾人迎向未知。

但其實，你該壓下衝動，反其道而行：先停下腳步。

你即將要做的事情帶有某種矛盾。你是要領導大家到一個——你**不再是領導者**的地方，至少不是現在這樣的領導者。你要怎麼讓一輩子被管的人，忽然間自己管自己？你要怎麼讓沉迷於計畫和管控的系統，忽然間明白還有更好的風險管理方式？你要怎麼讓以職稱和地位撐起自我認同的主管，明白他們的價值不是源自權力？一大票問題在前頭虎視眈眈等著你。

在接下來的章節，我會提出一套直截了當的方法，助你持續安全地提升作業系統。但首先，如果你真想改變，真認為不得不改造現有的工作方式，那麼你需要的遠遠不只是一套提升方法，還得徹底拋開原本對企業文化變革的認知。

文化難題

你面對這麼多令人躍躍欲試、大刀闊斧的改變機會，大概會想說到底要怎麼改變公司**文化**。沒錯，文化，這兩個字無比迷人，威力十足，可惜也備遭誤解。每當談到組織如何成功，文化二字絕對三不五時冒出來吧？人人耳熟能詳一句話：「文化把策略當早餐吃掉了。」文化比策略更強大，卻也更模糊。在商場，文化二字無所不包，也就失去意義。暢銷作家高汀把文化定義為**我們告訴自己的故事**，他說：「大家喜歡我們這樣做事情[1]。」如此簡單，如此困難。

文化導致成功與失敗，所以很多人認為我們該引導文化——可以改變文化。然而這是對文化根本的誤解。文化無從強行操控，而是自然浮現；不是施加於別人頭上，而是產生於大家之間。作家弗拉金以強而有力的隱喻，道破這個不可思議的現象：「文化就像影子：你無法改變影子，但影子刻刻在變。文化是唯讀的[2]。」然而年復一年企業主管想展現奇蹟：憑簡報和承諾改變文化撥亂反正。但老實說：別作夢啦。

許多年前，我加入某家國際企業的顧問團隊，協助他們更新公司的價值觀（內部稱為

「理念」）。我們團隊不到十人，要想出全公司三十多萬名人員適合的價值觀。最後我們只提出短短五句話，推行的時間卻長達好幾年。花費無數時間，外加好幾百萬美元，只為鼓勵人員**實踐價值觀**。最後大家有做到其中一句的「精簡以迅速」嗎？唉，連差強人意都不到。我倒不怪他們，口號和醒悟是兩碼子事，單憑幾句話可無法改變頭腦與人心。

既然文化難以主導，我們把目標縮小。高層說：「員工是問題所在！」員工說：「高層是問題所在！」於是我們試第二招：一一改變。然而我們再次誤解了人性。人是很錯綜的，我們各循各的路成長，各循各的路改變。美國開國元勳富蘭克林說：「想一想你改變自己有多難上加難，便明白欲改變他人當屬希望渺茫。」

如果我們既無法改變文化，也無法改變人員，那到底**可以做什麼？**答案是，我們可以改變系統。現在我們要往未知的領域前進，小心路旁埋伏的毒蛇猛獸。

控制公司

我們進行這個專案三週了，客戶想看到**計畫**。

「我只是不明白現在是怎樣。」他跟我說：「我們跟各團隊碰面，談他們工作的方式，但什麼時候我們才要真正開工？」

「現在就是真正開工了。」我說：「我們在問團隊是什麼拖累速度，是什麼絆住腳步，如果可以的話想做出什麼改變。我們還請他們設計新方法，試一試，看哪些可行。」

他面帶訝異，停頓好一會兒。

「可是……**計畫**是什麼？」

他的「控制公司」想找到合作夥伴一齊改變公司文化，才找上我們。近來公司停滯不前，人員意興闌珊，領導團隊壓力很大，必須設法扭轉乾坤。他們想得沒錯，公司文化確實是關鍵，但他們找的其他夥伴是傳統顧問公司和敏捷專家，我們聽了皺起眉頭。這些顧問公司是給具體建議，包括投影片做法、組織重組或某套現成的改造法，起先帶來安心，卻逐漸造成依賴，反倒成效不彰。萬一這種一體適用的答案不管用了，怎麼辦？我們指出，控制公司不是需要〈敏捷軟體開發宣言〉那一套，也不只是組織重組那麼簡單，而是要讓公司的作業系統進化。

出乎意料的是，我們竟然贏得了這個案子。然而合作之後，我們碰到很多「詞不達意」

的時刻，不禁懷疑是否不該合作。上述這例子可謂俯拾即是，我只是挑最新的案例講而已。我們煞費苦心跟主管與團隊合作，換得認知落差，格外令人沮喪。我們要的是公開與自願，他們要的是一套計畫。

「多說點，你覺得計畫該長什麼樣子？」我試著讓他釐清。

「我老闆想知道要怎麼實現。步驟有哪些？第一季結束的時候，我們會進展到哪裡？我們如何確保能遵照時程和預算？」

這些問題合情合理，前提是改變公司的作業系統就像改造辦公室般簡單。但如你所知，改變錯綜系統不同於改變複雜系統。系統改造沒得畫甘特圖，除非你能接受一列列「嘗試，學習，再來過」。可惜控制公司老是忘記這回事。

「我們有計畫……但，是用鉛筆畫的草圖。」我回答：「我們會持續請團隊主導自己的工作方式。如果不是由他們指出疑難雜症，不是由他們提出解決方案，你就不是在讓作業系統進化。我們會請你和其他主管思考該怎麼嘗試，留下實驗的空間，意思是可以在上頭花時間，失敗也無妨。我得跟你說，目前我們在這方面做得不太好，大家沒有出來拋磚引玉。」

「我想原因在於大家在想**這個**是啥。」他脫口而出。

「對，就是**這個**。」我說：「你想要一個目的地，但我們其實是在啟動持續進步的模式——每天日新又新的習慣。你希望公司文化更高效，更能應變，也更令人滿意，所以我們需要弄清該加入哪些新原則和新做法，又該剔除哪些組織負債和不當認知，才能往那個方向前進。這才是你想找的『**這個**』東西，而且必須要由團隊自動自發，不是由高層發號施令。」

我稍微停頓，確認他有跟上。

他懷疑地看著我說：「喔，我懂了，但我不能兩手空空地回去領導團隊，連個計畫也沒有。」於是我們繼續兜圈子，一兜再兜。

興新公司

另外還有一間差不多規模的公司，姑且稱為「興新公司」，以另一種方法尋求改頭換面。這家公司也面臨成長停滯，雪上加霜的是，人員很反感公司文化下的官僚體制與繁瑣協商。營運長見到我們劈頭就說：「一定得有更好的方法！」在我們碰面之前，她讀過不同改造方法，思考過具體方案：她和同仁能做出又快又好的決定嗎？他們如何善用公開透明，提升做事效率？

我們沒有花好幾週爭論該採用哪個計畫，而是找四十個主管出來討論幾天就搞定了。大家圍成一圈，質疑現有的作業系統有哪些利弊得失，彼此分享經驗，但也不只光靠嘴巴講，還靠活動**體驗**新的工作方式，打破既有認知，提出各自在活動上的觀察，有時坐著，有時走動，洗耳恭聽每個人的發言，不時叫經常發言的人歇一歇，讓較少說話的人抒發己見，而且大家得開誠布公，說出心頭話。七十二小時之後，我們把作業系統裡的結打開，化為實驗，由小團隊立刻測試。大家離開時並非滿心困惑，而是有事要做，彼此許下承諾。

兩個月後，營運長提出她個人的質疑：「我們都在做如何討論、分享與決定的小實驗，但什麼時候要處理更大的議題，好比組織架構或預算？」

「我們現在所做的反映了團隊覺得是什麼在絆住腳步，願意如何改善。等他們愈來愈駕輕就熟，自然而然會去處理更大的議題。哪天等他們開始呼籲預算要訂得更有彈性，妳會知道從何著手。」

「這樣不錯。」她同意：「可是一直有人向我提出人員之間的問題，覺得肇因是公司的架構。我在想是不是該現在就做出改變，解決問題。」

「如果不要由妳出面解決呢？」我的一個同仁問。

「這樣呀……」她說：「也許他們會自己想辦法？」她說完，我們相視而笑。

兩種改變

控制公司和興新公司純屬虛構，但我剛才提的故事並非虛構，而是確實發生過，而且不止一次。這些年來，我們參與許許多多的公司改造，有些成功，有些失敗，有些不上不下。控制公司和興新公司出自這些經驗。興新公司擷取自許多成功案例，他們成功改頭換面，更上一層樓，有時遠超預期，時常以出乎我們意料的方式脫胎換骨。控制公司則擷取自許多失敗案例，我們參與其中，最後卻愛莫能助。我們往前走了，這些公司仍在原地踏步。

革新計畫的愚蠢

有個很熱門的改變方法你想必知道，也可能試過，那就是想像所希望的未來，然後縮短想像與現實的差距。但由於我們對未來有具體的想像，所以往往認為改變是有限的，從A到B，有開頭、中間和結尾，達到目標就此**完成**。為了達到目標，我們採取線性的改變，有計畫、時程與要項，規規矩矩有條不紊。

這個看法很吸引人，但終究不甚合理。吸引人的原因在於，這反映我們的世界觀，反映我們自認有多少改變的力量。別忘了，世界遵照泰勒主義長達一百年了，可謂根深蒂固，我們整個職業生涯都是在計畫、控制與找出最佳做法，想靠**遵照規定**實現改變。

改變的框架多不勝數，其中當屬哈佛教授科特（John Kotter）在一九九六年出版的暢銷大作《領導變革》（*Leading Change*）提出的八個步驟最廣為人知。在他的研究中，他把成功的變革與失敗的變革相比較，歸納出八個造成差異的具體行動，我想你大概耳熟能詳，包括建立急迫感（有些人說是「火燒房子」）、打造領導團隊，以及營造共同願景等等。在接下來幾十年，這些步驟變得如同信條，由企業高層和管理顧問在組織裡由上而下推行（而非並肩攜手），他們把這些「步驟」看得很重，當作最佳做法，強制推行，結果往往不如人意。二〇一四年，科特自己認為這八點其實該同時實施，持續進行，而不是當成有先後順序的步驟[3]。

問題不在於我們試圖以模式和框架了解革新，雖然我們在定義何謂「管用」時確實需要小心分辨相互關係和因果關係。問題是在於，我們誤把組織當成有序的系統，過度簡化，硬把各種情形套進框架，硬把人員心緒套進框架，直嚷：「麥可，你現在被『綁住』了，而我們是在變革步驟的『鬆綁』階段，所以……你必須改變心態。」麥可的反應可想而知。

這樣強行推動變革計畫，很少有轉圜空間。畢竟，如果上頭要我們接受某個徹底革新的想法，我們會怎麼做？就此改頭換面？在上萬甚至十萬人的企業裡，大家真能同時踏上相同步驟？還是說，我們其實面對不同處境與脈絡？難道我們不是更可能各自實現革新——身在不同部門，處在相異階段？這些問題的答案就是不合乎傳統變革管理那一套。

事實上，世界日趨錯綜複雜，計畫只是白紙黑字的謊話，出自離實務面最遠的人之手，甫寫下已背離現實。革新計畫亦然，甚至更糟。叫大家依現有習慣與做法實行某個策略計畫是一回事，叫大家改變現有習慣與做法（與背後思維）是另一回事，兩者天差地別。

也許正因如此，成功的變革寥寥可數。先前麥肯錫的報告指出，在參與革新的人眼中，只有二六%的革新堪稱成功，而如果你只問第一線的人員，比例更掉到六%。根據這項數據，你想讓第一線人員改變成功，就像在牌桌第一輪就拿到二十一點。顯然，我們的做法得改變。

改變我們的改變方式

我們需要另一種改變組織的新方式。第一步可以是承認組織為錯綜的自我調整系統，而非複雜的機械系統；是**活生生**的，而非死板板的。組織是千百個人的各種原則、做法、思維、認知與行為的總和。

你要如何改變錯綜的自我調整系統？方法是**活在當下**。

如果都市規劃師希望紐約曼哈頓有更多綠地，可以想像在哈德遜河上打造嶄新的城市公園，但這願景的實現機率微乎其微，即便獲得支持與資金，工程也曠日廢時，得花上數年。

紐約地鐵第二大道線的概念始於一九一九年，卻遲至二〇一七年才竣工通車。錯綜系統凌駕於你之上。

或者，都市規劃師可以左看右看，發現從肉品包裝區（Meatpacking District）到雀兒喜之間有一條廢棄的高架鐵道，長滿野花野草，如同城裡的帶狀空中花園。大衛（Joshua David）和哈蒙德（Robert Hammond）就有此發現，於是成立非營利組織「空中鐵道之友」（Friends of the High Line），保住這條廢鐵道，改造為公園。空中鐵道公園（High Line）甫開幕即一炮而紅，如今每年吸引超過五百萬人造訪。由於這個別開生面的改造，鐵道沿線的樓房原本乏人問津，現在卻房價沖天，在曼哈頓堪稱數一數二熱門——全因為有人改造了原本就在那裡的廢鐵道。

綜觀人類革新史，我們會看到許多開心的意外。住房短租網 Airbnb 不是誕生於想一勞永逸改變交通與住宿的願景，而是因為兩個家有充氣床的傢伙繳不出房租，他們的點子奏效了，於是發揚光大。身為領導者，總聽說該提出美好的未來，推著大家往前進，然而這做法雖然能讓大家一起邁向目標，卻不會再繼續走下去。

錯綜專家史諾登對此提出耐人尋味的關鍵建議：「與其讓大家對未來抱持錯誤期望，靠管好現在來指出新方向更重要[4]。」他的意思在於，**縮短現實與目標的差距**是一回事，發現作家強森（Steven Johnson）所謂的**相鄰可能性**（adjacent possible）是另一回事。照他的說法：「相鄰可能性是一種遮蔽的未來，飄浮於事物當前狀態的邊緣，蘊藏此刻所有能改造自身的道路[5]。」

> 最大的浪費時間是延遲與期望，寄託於未來。我們握有當下，卻鬆手拋開，交由機遇主宰，捨確定而取不定。
>
> ——古羅馬哲學家塞內卡

身為領導者，必須承認無從控制所有人——除非他們自己打算走，否則我們無法推著他們往某個方向。關於錯綜系統下的公司文化改變，史諾登說：「我們要在界線與因子之間，促進有益一致性的浮現[6]。」我知道這句很火星話，用一般的話來說大概是：我們做新嘗試，留意正面模式與負面模式，行得通的就發揚光大，行不通的就盡量縮減。聽起來超像演化吧？如果你想找改變的方法，世間萬物背後的演化論可供參考。

這方法有個違反直覺之處：其實比傳統方法還速效。雖然片面宣布全球各分公司的組織革新（佐以組織結構圖）也許感覺很快，但如果人員行為沒跟上，也不過是枉然，只好在失敗後唉唉叫，怨嘆為何大家抗拒改變。但真是如此嗎？還是說，大家只是抗拒跟自己不合的改變？

在未過度控制的系統裡，適合我們的改變能迅速擴散。作家弗拉金就有類似觀點：「一般人把改變比喻為從此處走向彼處的路程，但更有幫助的比喻是咖啡裡的牛奶[7]。」正如咖啡裡的牛奶，對的改變能在系統裡持續迅速擴散。

這時你也許正逐漸明白，靠，我們不只是在改變組織，而是在改變**我們改變組織的方式**。沒錯，正是如此。你接受組織的錯綜之後，不得不去改變**作業系統**以及**改變方式**。光憑官僚式的改變程序，無從讓官僚體制改頭換面；當系統充斥監管與核可，信賴的文化沒得建立。你想得什麼果，就怎麼栽。

我們無法挑選特定的改變目標，再單靠強迫來實現，但仍能依自身價值觀引導到那個方向。我們想建立的組織是符合正向待人和錯綜意識，充滿人性、活力與適應力，所以我們該根據這些理想，衡量實驗、探索、刺激與推動的成果。某個改變是否讓我們更能因應瞬息萬變的世界？是否提升我們的關係與互動？讓工作更有意義？還是說，其實適得其反？

舉個例子，幾年前我們受到「酬勞」那一章所提的故事啟發，公布了公司裡的薪資數據。我們取得所有人的同意，而且認為資訊對稱合乎正向待人（公開透明能減少偏頗並提升公平性），研判公布薪資是個安全的嘗試。公布之後，我們等著看後續發展。如果有人覺得同事薪水過高而不爽，這實驗就失敗了嗎？一點也不。我們的目標不是一團和氣，而是組織升級。當期望與薪資之間的落差浮上檯面，學習的機會跟著出現：要嘛系統是對的，個人能趁機明白公司看重某些技能的原因；要嘛個人是對的，系統能做調整。無論是何者，我們都提升了知識、信任與公平。短期來看，大家蒙在鼓裡比較容易；長遠來看，公開透明大有助益。

我們崇尚人人能共襄盛舉，有權改變公司的作業系統，持續調整改進，而我們稱這種做法為**持續參與式改變**。**持續**是因為大家不宜再習慣把改變當成一種絕少成真的神聖概念，沉溺於現況而不願改變。反之，我們其實可以把改變當成慣例，司空見慣，一點一滴的細微改變聚沙成塔。**參與式**是因為我們要打破原本習慣的認知，不再把改變當成是由上往下強行施加，而是人人有權依照公司的宗旨，引導公司的走向。

所有組織變革的最終目標就是使全公司實踐持續參與式改變。原因在於，無論你們的原則與做法多聰明，世界總會變，組織就該變，才能夠因應。

持續參與式改變

每個人總想知道：「標準的組織變革長什麼樣子？」答案是，各不相同。二〇一三年，皮克斯可謂如日中天，連續推出十四部票房冠軍大作。然而領導團隊的早期成員憂心忡忡，覺得公司文化在這一路上失去了些東西。皮克斯的共同創辦人暨總裁卡特莫爾在著作《創意電力公司》（*Creativity, Inc.*）說：「我們公司文化的一個核心概念是，好點子可以來自任何地方，所以人人務必有權暢所欲言，但這個概念正搖搖欲墜。」當皮克斯元老拉賽特（John Lasseter）陷入性騷醜聞，卡特莫爾的這句話顯然太輕描淡寫了。許多員工非常尊敬皮克斯的過往功績，不禁懷疑自己是否有權提意見。另一方面，製片成本連年攀高，皮克斯不得不設法產線化，把電影開發的程序化繁為簡。當高階主管開會討論如何達成此一目標，軟體工具部門副總監克隆尼（Guido Quaroni）提議：「請公司裡所有人員提供點子吧。」大家立刻齊聲贊同。

他們決定皮克斯全員停工一天，展開「便條日」（Notes Day），便條是指電影製作階段大家常給予的意見回饋。這一天，沒有開會，沒有訪客，只有一千零五十九名人員從早到晚專心討論解決之道。全公司最多時分成一百零六個主題，有一百七十一個計畫案，由新成立的便條日工作小組蒐集各組建議，各案成員在紀錄單寫下提議、做法與進度負責人，計畫案包括「協助主管了解故事的開支」與「重返『好點子處處有』的公司文化」等，人員隨意選擇想參與的案子。

即使依皮克斯的標準，便條日整天下來也可謂熱烈非凡。提議多不勝數，接下來數週與數月各團隊把幾十個點子付諸實行。卡特莫爾回憶說：「我不知道是否有方法衡量便條日的影響，至少從我的角度來看，影響很巨大。」隔天，他收到來自人員的上百封感謝信，大家紛紛說活動很有意義。便條日的討論板上有一句話：「明年再辦一次[8]。」

但何必等到明年呢？這活動洋溢熱情與坦率，充滿淨化與創新，何必每三百六十五天才來一場？既然參與式改變威力十足，何妨**持續進行**？直覺反應是：「我們沒時間。」但我想更誠實的答案是：「我們不知道**如何**邊執行邊學習。」光是把企業經營得像皮克斯般能舉辦便條日就夠難，持續進行更是難上加難。無怪乎，持續參與式改變絕少見諸主流業界——主流企業不願意花功夫搞這套。不過如果我們不再尋求現成的做法，而是留意可行的模式，則能找到每天促進改變的方法。我們公司留意到以下六個模式，值得鼓勵人員實行：

承諾：當握有權力的人承諾要擺脫官僚體制。

界限：創造閾限空間（liminal space），加以保護。

促發：鼓勵不同的思考與工作方式。

循環：把改變去中心化，交由個人負責。

臨界：系統越過臨界點，無法再回頭。

持續：持續參與式改變變得自然而然，由組織擴大實踐。

別把這些誤當成步驟。這六個模式更像是起點，順序能更動，相輔相成，一試再試，一旦實現就有助益，如同一套可以調整的……用鉛筆所寫的計畫。

現在我們會分別探討，提供幾個有助實行的關鍵概念。等我們探討完，你就能振翅高飛。

承諾

你若找超越官僚體系的公司故事來看，幾乎都能回溯到一或兩個關鍵人物，最初是他們另闢蹊徑，看見以不同方式做事的機會。他們受夠組織裡的老方法，往往曾恍然大悟，開始深入探問，懷疑能另闢蹊徑——接著相信能達成。這種人通常是執行長或創辦人，但也不見得。事實上，既然你讀到這裡，有為者亦若是，你很可能正是那個關鍵人物，即將大顯身手。

如果你看過幾萬隻椋鳥在空中嘰嘰喳喳盤旋飛舞，就知道場面是多麼不可思議，一隻隻鳥匯聚起來彷彿超生物體，左飛右舞，乍聚旋散，形狀改來變去，時而如蛋形，時而似沙漏，忽焉又變回蛋形。千百年來，人類對此現象相當好奇。古羅馬人認為，神在靠鳥群的動作向人類傳遞訊息。二十世紀初，人們認為鳥群在心電感應。等到電腦科學時代，研究人員才憑軟體模擬揭開神祕面紗。當一隻椋鳥察覺到掠食者逼近的危險，牠的動作會對鳥群造成一系列連鎖反應。怎麼做呢？只有三條簡單規則：避免、調準與吸引。避免推擠周圍的其他鳥，朝著鳥群平均行進的方向，設法與鄰近的鳥保持等距。

我們的系統遠遠更錯綜複雜。但為了成功改變，我們必須體認到，人性本質加複雜情勢會帶來類似結果，有異曲同工之妙。為了盡量增加成功的機率，有權的人必須遵從幾個基本原則——促使持續參與式改變如鳥群翩舞的簡單規則。我知道下列幾個原則現在顯得很激進，甚至絕無可能。如果你還無法把這些原則當成基礎，至少當成明燈。只要你崇尚人性、活力與適應力而非管控，而且又有權力，就從這裡起步吧。

自主。所有團隊與成員該自主管理，自我規劃。成員有自由，也有責任去善用自身技能、判斷與意見回饋，協助組織實現宗旨。

同意。舉凡協議、規定、角色、架構和資源等所有政策決定，該取得受影響者的同意。站在提升敏捷度的角度，成員也許會同意別種形式的決策制定，例如把決策權分散給特定角色或團隊，還有委由票選的決策委員下決定。

公開。所有資訊該開放給所有成員。談到分享數據、資訊、知識與洞見，個人與團隊該「預設公開」。

一旦有權的人做出承諾，你還需要其他同伴——他們肯質疑你，鼓勵你，跟你一齊學習。如果你們是新創公司，不只要招募有能力的人員，而且是要招募願意改變工作方式的人員。如果你們是老公司，要找出系統裡的叛逆分子，願意挑戰官僚體制的傢伙。

你正在建立的團隊如同實踐社群的種子，最終會納入所有人。他們率先做新嘗試，若管用就分享，率領系統迎向正向待人和錯綜意識。

「我們到底在找什麼？」與新公司的客戶在我們招兵買馬時問。「我們在找有影響力的叛逆傢伙。」我說：「有團隊與夢想的傢伙。」

我繼續說：「大家是向誰吐露祕密？大家有好點子時是找誰？需要打破規定時是找誰？哪些人已經在以不同的方法做事？」

他往後靠，思索片刻。「嗯，我想得出幾個符合的傢伙。我們需要多少人？」

「必須真有熱忱才行。」我說：「我們是請他們兼第二份工作——替新的作業系統開路。貴精不貴多。」

界限

在興新公司剛開始尋求轉變之際，我們圈起行銷和銷售——這兩塊有相同目標，但思維與工作方式天南地北。如果我們能改變兩邊團隊的組織與互動，效果會往外擴散。這樣聚焦頗有好處，我們能集中火力迅速行動，而且不必受系統其餘部分監督。等其他人對我們的做法起興趣，我們再擴大規模，往外發揚光大。

所有活生生的系統都有界限。身分有界限——例如誰屬於（或不屬於）組織或團隊。行為也有界限，如果你違反律師的行規，會被取消律師資格，不再是律師圈的一員。在我們推動作業系統轉變之際，界限實屬需要，方能創造作家格雷（Dave Gray）所說的「閾限空間」。「閾限」如同「門檻」或「端點」，照格雷的說法是「處於兩個事物之間的空間，既非此，亦非彼，而是界定了兩者」。他還說：「改變發生於事物的界限：介於已知與未知，熟悉與陌生，舊法與新招，過去與未來[9]。」

控制公司在尋求改變時碰到的一大困難在於，我們從未真正找出閾限空間。「我們能從哪裡開始著手？」我們花了數週討論後續可能的改變之後提問。客戶開始滔滔講著有可能採取不同工作方法的地區。「聽起來都不賴，我們選一個地方試試看吧。」我們說，畢竟我們老早不再相信有所謂最佳的實行地點，所有願意試的團隊都一樣好。「沒有執行長的同意，我們不能先著手改變。而且他會想知道你們到底打算怎麼做。」他們說。數月後，我們仍未找到合適的地方，每個可行選項都有不足之處。我們不只有界限問題，也有承諾問題，這教訓反反覆覆上演。

作業系統的改變有賴於閾限空間。組織裡需要有一個地方供我們說：在這裡我們能以不同的方法做事情，放手試一試。重點在於這地方受到保護——自外於組織其餘部分和外面世界，畢竟抗體與肌肉記憶會跳出來設法維持現狀。起初這空間可以小到只是一場會議、一間辦公室或一支團隊，但到最後，這空間會超越整個組織。

我們跟客戶共事時，通常是以一支團隊為界限，然後擴及兩支或三支團隊，再來擴及上將麥克克里斯托所說「團隊的團隊」——由共同目標結合的團隊網絡。在我看來，這是實現改變的理想大小，跟鄧巴數字不謀而合（Dunbar's number，鄧巴數字常獲引用，是指能維持穩定人際關係的人數上限，差不多為一百五十人）。若是新創公司，也許人人身在其中；若是大型公司，也許等同地區分公司或部門等。你**確實**有可能把整個組織當作閾限空間，即使大公司也行，只是第一線的每個人需要高度承諾與對話。終究我們有責任劃下閾限空間，確保裡面的人員皆屬自願，他們感到安全，得以自主，準備展開當前的冒險。

促發

現在我們有一群人躍躍欲試，也設好了界限，許多改變還有賴於發現與診斷。我們這麼告訴自己：首先要研究公司文化，然後了解是哪裡有問題，再來解決。這乍聽很好，可惜純屬空想。

首先，大多數診斷工具缺點重重，舉凡偏見、作弊與操弄層出不窮。此外，宏觀診斷失之空泛，難以化為實際行動。假設調查顯示公司的「信任度低落」，那好，現在你要怎麼處理？

針對全系統的診斷也帶有一個認知：組織是複雜的自動系統，能從上頭分析與修理。這個認知把解讀的權力交到少數人手裡：「由我們設計問卷，由我們解讀數據，由我們決定做法。」這是我們想避免的命令與控制式思維。

最糟的是，在大型官僚系統裡用發現與診斷法極其緩慢。你得設計調查問卷，經過核准，寄給人員，要求作答，回收問卷，統計結果，選定三大目標……在你忙成一團之際，我們老早在協助幾十個團隊探索相鄰可能性。

我們通常不做診斷，而是運用一套我們稱為**促發**（priming）的經驗學習與對話方法。有意願的人員、主管與團隊，要挑戰組織與工作方式的既有假設。多數人長年（甚至永遠）沒空思考工作方式與背後原因，工作得不假思索，即使有時不滿組織系統，也絕少停下來思索是否能加以改變，連位高權重的高階主管也只是在表面虛應故事，無意真正改變組織。促發背後的概念是透過遊戲、反思和討論，把人拉出既有模式，重回學習狀態。我們必須實際經驗，方能了解何謂正向待人和錯綜意識。

我們有一組用來激起這種頓悟的工具，例如觸球得分遊戲就很不賴。當初葛洛吉（Boris Gloger）發明這遊戲以呈現工作流的概念，如今我們則靠這遊戲協助全球各地的領導團隊體驗自我管理。在遊戲裡，一組有十二到二十五人，拿到一籃乒乓球，只要球從籃子裡拿出來，讓每個人都碰到，再回到籃子裡，就得到一分。此外有幾條規則：球不能互相碰到，遊戲期間籃子不得移動，球在隊員之間必須有「在空中的時間」，球掉到地上算是失誤，諸如此類，這樣講你大概就了解了。遊戲時間為兩分鐘，然後有九十秒能討論並調整策略。每輪開始前，他們先預估分數；每輪結束後，我們統計得分和失誤。

各隊不光只是想得高分，還有激情，有歡呼，有叫喊，有汗水，有摩拳擦掌，有躍躍欲試，而且更有意思的東西從背後浮現。

當興新公司的領導團隊玩了五輪之後，我們請大家圍成一圈做討論，詢問：「大家有留意到什麼嗎？」全場鴉雀無聲片刻，然後紛紛發言：「我們好幾次必須換策略。」「我們需要更多溝通。」「這一頭的人聽不到另一頭的人在說什麼。」「我們遇到失誤沒大驚小怪，繼續玩下去就對了。」「很多人都提出了好點子。」「光是坐著計畫也沒用。」「討論時間是關鍵。」「表現的好壞是相對的。無論前一輪玩得如何，我們都想更上一層樓。」

「由誰帶頭？」我大聲問。

「沒吧。」

「大家一起帶頭。」

還有許多啟示，但我不再多言，免得剝奪你的體驗。但我可以說，他們在這四十五分鐘的遊戲與討論期間，對自身作業系統多所體悟。最終我們拿這個團隊遊戲與日常工作做比較，我也提出最後一句反思：「你們確實發現到，把乒乓球從籃子裡拿出來再放進去，比平常的工作更好玩。」他們哄堂大笑。「工作的方式很重要，對吧？」

你願意搜尋的話，可以找到各種學習或反學習（unlearning）的遊戲和活動。敵防遊戲（Enemy/Defender）需要即興發揮，展現簡單的規定能如何導致錯綜行為。棉花糖挑戰（Marshmallow Challenge）凸顯測驗與學習的重要。庫尼文樂高遊戲（Cynefin Lego Game）透過實際動手來了解簡單、複雜和錯綜系統的差異。身分走路遊戲（Identity Walk）有助於了解多元與特權，比任何談包容或無意識偏見的演講更深觸內心。各種遊戲目不暇給，不怕你不玩，怕你玩不完。

我們想促發的常見主題包括錯綜、顯露、敏捷、精實、激勵、自覺、超越、組織負債、心理安全感，以及生產力差異等等，這是商學院從來沒教的二十一世紀重要課題。我們有的時間愈多，就能涵蓋得更深更廣。然而在展開改變的工作之際，倘若鑽得太深，唯恐錯失建立實際連結的機會，所以我們只設法靠促發把大家的心打開就好，再來總要回頭連結到當下，把一時的幹勁導引到改變上面，之後若有需要再回頭深入學習（或反學習）即可。

你的目標是促發閾限空間裡的每個團隊。你不必一次全面達成，也不必非得在他們開始改變之前達成，但若達成會有助益。光是幾小時的遊戲與討論，大家會更能取得接下來的成功。每個促發活動之後，你是提出邀約而非命令：加入我們吧，做點嘗試，開啟對話，尋求協助，我們是為了你才在這裡，嶄新的工作方式實屬可能，但你得邁出腳步才行。

循環

先前我們談過憑改變發掘相鄰可能性，在組織裡，我們努力藉**循環**來達成此目標。「循環」的概念是受利特（Jason Little）的《精實改變管理》（*Lean Change Management*）所啟發，包含三個反覆實行的階段：察覺張力、提出辦法，以及進行實驗。

循環是持續參與式改變的核心，有不同速度、不同規模，發生在不同時間、在組織的不同地方。這主要是個分散實驗的模式，卻能帶來顯著成果。雖然客戶常請我們傳授決策、協調與成長的新方法，但他們唯一真正需要知道的是如何善用循環。你能循環，就能學習；你能學習，其餘會迎刃而解。現在我們就來深入探討何謂循環吧。

(1) 察覺張力。我最早在組織管理的脈絡下看到「張力」（tension）一詞，是在管理大師聖吉的《第五項修練》，他扼要介紹「創造性張力」的概念：「想像一條橡皮筋，在願景與現實之間拉得很長，產生張力……張力會換來什麼？消除或釋放[10]。」在聖吉看來，消除創造性張力的方法有二，一為把現實拉向願景（改變），一為把願景拉向現實（妥協）。好比說，如果你覺得公司的育嬰假政策有所不足，這就是張力，你要嘛設法改變，要嘛安然接受。放著不管於

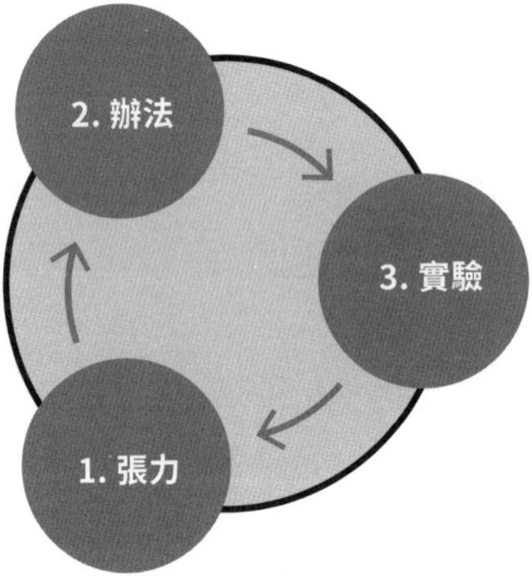

循環過程

事無益。雖然我們畢竟處於錯綜系統，不該太執著於未來的願景，但要是能感到系統的潛能，付諸實現，將能振奮人心。

二十五年後，「張力」一詞再次出現於組織管理的脈絡裡，這一次是關於全體共治。創業家羅伯森（Brian Robertson）在著作裡談到，張力如同信號，可以指引方向：「當我們頹然眼看系統失能，眼看覆轍重蹈，眼看效率不彰，這時面前如有一道鴻溝，一邊是事物**現在**的樣子，一邊是事物**可以成為**的樣子[11]。」

「張力」一詞可能引起焦慮、否定或壓力，但概念本身非屬正面或負面，只是關乎潛能，稱為點子也行，稱為火花也行，稱為挑戰也行，重點在於我們時時刻刻會感到張力，無論組織文化再成熟完善，張力依然無所不在，沒有張力就無法成長，沒有張力就形同死亡。

我們跟全球各地的團隊共事，每天聽到他們的張力，甚至主動要他們提出。在展開循環時，我們首先會問：「是什麼害你們無法發揮最好的工作表現？」另一個問題是：「是什麼害公司無法實現目標？」他們的答案各式各樣。這些年來我們蒐集了成百上千個組織張力，在此整理出七十八個例子，完整涵蓋作業系統畫布的十二個主題，足以激發精采討論。讀一讀吧，看有多少項符合你們團隊或公司。

□缺乏信任。
□有時不清楚誰有權做決定。
□決策時會碰到阻礙。
□太多共識。
□行動前需獲得核准。
□意見凌駕數據。
□靠開會來準備會議。
□開會時譁眾取寵。
□會議沒有促成決策與行動。
□技術與工具對充分實現潛能並無幫助。
□程序的規定妨礙到工作進行。
□把事事當成危機。
□沉溺於做計畫。
□不尊重工作與私人生活的界限。
□很少反思檢討。
□做計畫與預測，而非測試與學習。
□改變的腳步跟不上外界。
□架構僵化，缺乏實驗空間。
□不容失敗。
□好點子不敵官僚體制。

□沒時間真正辦公。
□大聲才會被聽見。
□開太多會。
□不夠公開透明。
□只有需要的人能得到資訊。
□誠懇不足，虛偽有餘。
□團隊之間透明度低。
□電子郵件氾濫。
□決策背後的「理由」時常不明。
□技術工具過時。
□大家什麼事都得參一腳。
□團隊並未跨事務或跨背景。
□公司架構阻礙合作。
□層級過多。
□策略與架構不合。
□策略性優先順序不明。
□輕重緩急不清。
□在錯誤事項上浪費時間。
□花太多時間試圖預測未來。
□策略是出自高層而非第一線。

□不肯冒險。
□缺乏意見回饋。
□喪失信心，陷入無助。
□人員缺乏所需的能力。
□缺乏自覺。
□職涯道路不清不楚。
□在穀倉裡各行其是。
□跨事務合作難以實行。
□角色定位不清。
□公司宗旨不清不楚。
□提供的認同或獎勵不夠。
□大家不覺得工作有意義。
□認同與獎勵個人而非團隊。
□公司文化帶恐懼成分。
□許多精力花在維護自我與互相攻訐。
□驚訝於自身系統的錯綜複雜。
□把股東看得比顧客和職員更重要。
□看重短期多過長期。
□把好（或壞）的結果當作不去挑戰的藉口。

□不懂得說不。
□資源有限。
□系統各處的才能未獲善用。
□時常東趕西趕。
□預算制定過程緩慢。
□勾心鬥角。
□由最接近高層的人主導公司文化。
□個人凌駕團隊。
□人員在背後說閒話。
□缺乏問責與實權。
□嘴上說要做，實則沒去做。
□不肯展現脆弱。
□「專業」凌駕誠心。
□重視執行而非聯想。
□難以吸引並留住頂尖人才。
□避談棘手課題。
□性別不均。
□不重視多元價值。
□大家愛放冷箭。

上述只是列舉全球頂尖企業的團隊實際碰到哪些難題。你的團隊內部也有張力正伺機而出，是你們組織的潛能，是你們組織的未來，是你們組織的生命泉源。團隊若明白箇中道理，會把循環當作從良好到卓越的工具，是持續日新又新，而非某種診斷方法或維生裝置。其他人把組織當作條理分明的系統，帶有**故障**，必須**修理**，但他們錯了，從來不是這麼一回事。

團隊展開循環的第一步是發現張力、指出張力，但說比做容易，許多團隊甚至無法安然談論張力，遑論在主管面前道破。此外，想表述清楚亦非易事。為了助一臂之力，我們把最常見的張力做成紙牌，七十八張紙牌交給團隊，請他們去蕪存菁到**七張**，用來代表團隊或公司裡最主要的張力。有了紙牌代勞，團隊可以暢談最艱難的議題，不必不敢講。紙牌擺在桌上，白紙黑字，打開天窗說亮話。

我們首次到外頭和興新公司合作時，人數眾多，分成三個小組，各有一組紙牌，各組帶開來，分別選出七個首要議題後再回來討論。我走去看各組，發覺各有一套篩選方法，有些是一張張唸出來，有些是把牌攤開再依感覺移動，因人而異，各自反映做事方式，其中多所啟示。

大家回來後，把牌相鄰排好。下一項任務是什麼？把二十一張牌減少為共同面對的七張牌。有些張力三組都選了——自然很有代表性。然後大家開始討論，場面變得略顯緊繃。主管注意到其中一個張力關乎授權，高呼：「我說過很多遍了，你們都有權做決策。」大家緊張侷促，盯著地板。最後一位資深人員說：「嗯，我知道妳是這種認知，但我們每天的感覺不是如此。」一間隔片刻後，我跳出來說：「對同一件事有好幾個觀點是家常便飯，我們在這裡的任務不是爭辯誰對誰錯，而是體認到有些人是這麼覺得，所以可以怎麼處理。」

(2) 提出辦法。鎖定張力後，可設法探究。某方面來說，這是最難的一部分。由於傳統管理獨占鰲頭，無怪乎大多數團隊經驗有限，捉襟見肘，缺乏其他靈感與思路，例如從未想過不同的決策方式，臨場又豈能天外飛來一筆想出新穎辦法？

克服這問題的方法之一是望出自己的牆外——超出自己的產業之外。對於你所面對的問題，不同企業是如何處理？誰靠別出心裁的方法成功因應了？最佳辦法是去探索。從現在起，你是個學生，在找新的工作方法，世界就是一座大實驗室，你要自己邁出腳步去看、去尋。

雖然外面世界很大，內部的緊密關係也有助益。一個簡單方法是在內部通訊系統（若有的話）採用主題標籤「#工作方法」，開始分享與討論新穎做法。每天都有新（與舊）方法冒出來，我們得樂於看見，樂於學習。

除了缺乏靈感之外，大多數團隊還很難提出踏實的辦法，而非過高的幻想。比如張力是「程序會妨礙工作」，團隊在首輪循環時提出要「修正所有程序」，這令人佩服，卻毫不可行。有鑑於此，我們通常在開始討論前會提出幾個好選項。事實上，我們不只有張力的紙牌，還從進化型組織和自身作業系統中，找出可行辦法，同樣做成紙牌。下面哪些辦法你想試一試？

□替組織想出清晰有力的目標。
□替每個團隊與角色想出清晰有力的目標。
□請團隊分享接下來六到二十四個月的努力目標。
□釐清評估標準，用來引導方向。
□為可貴的失敗鼓掌致意。
□不求完美無缺，但求易於嘗試。
□讓人人能自由選擇工作的地點、時間和方式。
□釐清團隊與角色的決策權限。
□以吃水線的概念保護團隊與個人的自主權。
□讓組織的第一線享有自主。

□廢除所有狀況報告和專案檢討等官僚做法。
□廢除或調整一對一會面，減少上級核可與政治角力。
□定期管理會議，更新協議、規定、政策、角色和架構。
□選出協調人和記錄員，確保會議的進行和記錄。
□暫停會議，以重建開會節奏。
□學習有助持續推進討論的會議架構並妥善運用。
□所有團隊、專案與計畫定期回顧反思以促進學習。

□善用群眾外包，廢除不必要的政策與程序。
□從廢除形同妨礙的會議、程序或習慣開始著手。
□善用決策科學以減少偏見，更客觀地做好選擇。
□對於重要的全體決議，需善用整合決策法。
□區分可逆與不可逆的決定，分別採用不同方針。
□界定小額花費，符合者不需核可或請示。
□把核可程序換成健全的建議程序。
□捨棄獨斷和共識制，換成同意制。
□針對關鍵計畫，建立精實多元且大膽自主的SLAM團隊。
□去中心化，把工作委交熟悉實況的第一線團隊以提升效率。
□捨棄單一的職銜與職責，換成模組和混合式人員角色。
□在每個團隊裡界定角色，建立職責。
□邀團隊創造與修改自身角色。
□以同意制或票選制決定領導角色。
□允許人員在數個團隊擔任多重角色。
□從固定團隊轉為動態組隊，推行角色、團隊與專案的市場機制。

□在會議開頭，抓住大家的注意力。
□在會議結尾，提出團隊下次能如何做得更好。
□在會議期間，大家輪流發言各抒己見。
□放棄預先規劃的議程，臨場發揮、且戰且走。
□以圖板清楚呈現團隊活動與表現。
□讓組織與團隊的財務資料公開透明。
□人人能取得大家的薪資資訊。
□談到資訊，採取「預設公開」。
□所有公開資訊要易於查找。
□團隊的工作流與進度公開，讓其他團隊一清二楚。
□揚棄檔案傳輸，改採即時更新的協作軟體。
□確保所有協議、規定、政策、角色和架構公開透明，妥善記錄與管理。
□少用內部郵件，改採 Slack、Teams 或 Workplace 等通訊軟體。
□定期舉辦暢談大會，人人能參加。
□組織團隊與徵人時，以生產力差異為首要考量。
□不再依文化契合度僱人，而是問公司文化缺了什麼。

□建立能力資料庫，協助團隊在全組織裡尋求人才。

□專案與投資組合務必包括「狂擺標的」和「確切標的」。

□揚棄「完美」執行，追求持續學習調整。

□運用「甚至重要過」宣言，明確呈現策略與權衡要點。

□把傳統規劃（預測）換成情境規劃（準備）。

□把固定表現目標換成相對表現目標。

□把年度預算換成動態預算。

□讓大家用腳投票，自行選擇有熱忱的專案。

□每期從零預算開始，採虛擬注資，善用群眾智慧。

□每季預留基金，供團隊採參與式預算制定。

□鼓勵每個人花兩成（以上）時間做想做的事情。

□把工作拆成短跑衝刺，學得更快，風險更低。

□替正從事的專案或計畫數量設定上限。

□所有團隊、專案或計畫都訂立團隊規章。

□所有團隊成員提出「我的使用者指南」。

□花時間感謝、讚揚與慶祝。

□捨棄年度表現檢討，改採持續意見回饋。

□每個衝刺、大事或重要成就後，大家即時提出意見回饋。

□善用意見回饋，列為重要大事。

□打造出實行平臺以分享並建立知識。

□從獎勵個人轉為獎勵全體。

□專案與計畫組合要有開始、停止與繼續的設定。

□花些時間了解彼此。

□留點找樂子的時間。

□舉辦直言不諱的討論會，任何發言不怕受罰。

□由組織成員開課互相傳授一身絕技。

□遠距會議採用視訊形式，以便情緒的傳達。

□團隊與委員會的人數要少於九人。

□建立衝突調解程序，強調有建設性的衝突。

這些紙牌能省掉發想新可能的功夫，促進提問與前進。大家檢視紙牌時，也許有人會說：「等等，到底什麼是**動態組隊**？」這時起，討論會變得引人入勝，不只是從外在推動。不過有時外在推動也滿有用。這些年來，我們發現有些做法稍微類似瑜伽動作，在我們不甚了解之際鍛鍊了身心。

其中一招是開會的「報到」，雖然大多數會議本來就以閒聊開場，卻沒有叫人刷存在感的正式程序，但你可以請每個人回答「報到」問題，例如「你在注意什麼？」或「你現在的心情是什麼顏色？」。這樣做有兩個意外的好處。第一，團隊如同有一個開始專心的儀式，打斷舊模式，整場會議能有不同表現。更重要的是，這讓人人發言一輪，反映所有意見皆屬平等，而多數團隊是缺乏這種平等的。大聲的人少說點話，寡言的人多開金口，可謂一場小型革新。

然而絕少團隊會自動採用「報到」做法開場，原因在於剛接觸循環的團隊不明白小小改變就威力十足。雖然很多做法別開生面，但也有不少做法的效果已獲驗證，成效比較可期。有些做法至少無傷大雅，而且頗受你尊敬的許多組織和團隊青睞，大概值得一試。

> 完美似乎不是無從添多，而是無從剔除。
>
> ——《小王子》作者聖修伯里

最後，有時最佳做法就是沒有做法。在極度官僚的體制裡，最聰明之舉通常是移開障礙，例如政策、層級、會議、預算或專案，然後看組織文化的反應。當大家一頭熱地嚷著該**實行**、**添加**和**嘗試**什麼東西，你不妨藉機問他們，是否有什麼該廢除。當系統縮減到幾條簡單規則與健全界限，你會對成果大感驚豔（通常正中所需）。

在循環的這個階段，各團隊不只提出可能的辦法，還務必知道自己願意採取的辦法，重點是投入。重點要擺在自身團隊願意嘗試哪些辦法，團結向心，當作己任。許多公司當成紙上談兵，但並非如此。我們不是在替別人選擇，而是替自己選擇。

在興新公司，我們不只考慮公司外面的辦法，也考慮內部的辦法。原來兩間歐洲分公司已經開始採取更正向待人的工作方式，獲益匪淺，營收向上提升，離職率則下降。因此我們決定出擊，協助一個個團隊展開循環程序，時常請他們向其他團隊切磋學習與借用點子。在暢銷書《創意黏力學》（*Made to Stick*）中，作者希思（Heath）兄弟把這類成功故事稱為「亮點」。這方法講求研究同公司裡其他團隊的成功例子，模仿複製——跟我們的改變模式不謀而合。好辦法處處有，你看見了就請抓住。

(3) **進行實驗**。我們察覺了張力，提出了辦法，再來要實際動手試試看。但請記得，重點不是力求完美，而是投入當下。目標不是**非得**成功，而是學習，看看什麼可行、試了有何變化。為了這個目標，現在我們花點時間設計一個好實驗。

嘴上說「試看看吧！」很容易，清楚定義卻不容易：誰要試？何處試？何時試？雖然且戰且走有些價值，但我們發現，不熟悉持續參與式改變的團隊若能回答這些問題，可以做得更好。所以我們要怎麼做？下列提問有助於團隊釐清所做的嘗試與背後原因。我建議個人與團隊先花些時間審慎回答這些問題，再跟會受影響的人討論。

實驗工作單：

張力 你的張力是什麼？如何展現？舉個鮮明的實例說明。

提議 你提議大家怎麼試？你的假設是什麼？這個提議如何協助我們追求正向待人和錯綜意識？

相關人 哪些人會牽連其中？他們的工作為何？

期間 實驗會為期多久？何時回顧檢討，蒐集意見，從中學習？

學習法 我們如何知道實驗的利弊得失？你想聽到怎樣的意見回饋？

需求 談到資源、空間、補給和資金等，你需要什麼以支持實驗？

安全 你需要什麼支持或同意，以便安全展開實驗？

個人或團隊有答案後，可以提出實驗與尋求同意。視職權與自主度而定，所需的也許是團隊內部同意（我們團隊要這樣試），也許是外部或上級同意。這可能不容易，我們建議採用第 97 頁列出的同意程序。一旦團隊同意，我們就能著手展開！

張力五花八門，實驗各形各色。重點在於，我們是面對真切的問題，而團隊要保持動態與彈性。實驗也許涉及視訊會議，在技術上是小事一樁，在行為學上卻殊非易事。實驗也可能涉及取消某個會議，卻在系統裡引起其他張力——有些人得不到需要的東西。任務是清楚推行實驗與取捨（常需反覆進行），觀察後續變化。

有些實驗比較小，比如先前提到的開會「報到」，試起來比較容易，實行一週就行。有些實驗比較大型與錯綜複雜，比如新的資源分配方式，需要數週或數月的實行與支持。任何循環的成功與否，與相關人員的投入程度息息相關。

然而，適度實行之後，對是否加碼應持審慎態度。雖然任何有望的辦法該妥善一試，但也需要大家以行為表達態度。大家顯得想繼續下去嗎？其他團隊是否自動開始效法，不勞你的推動？這些是走在正軌的明確信號，是大家在下判斷。當阻力浮現，很難說是即將柳暗花明又一村，還是你誤入歧途。

我還想提醒一個很真切的問題，你得好好留意。運作系統往往彼此相關，牽一髮而動全身，所以孤立的實驗也許行不通，原因不是改變未獲認同，而是要在更大的脈絡下才會成功。經典例子是企業突然授權每個人自行做決定，卻沒考慮到作業系統的其他部分，這時會發生什麼事？人員缺乏行動所需的資訊、工具與安心，所以裹足不前，管理階層見狀心想：

「沒人站出來做決定，他們鐵定天生不是帶頭的料。」然而其實他們是跳過了相鄰可能性。

因此，我們需要調整自己的期望，以期符合實際脈絡。如果相關人員準備好迎向去中心化的自主團隊模式，循公開透明原則，追求共同目標，則各團隊能同時進行循環，做法大破大立、積極激進；如果大家適合一步一步慢慢來，就循序漸進，別操之過急。有時我們只能先做點小改變，日積月累，將來再實現大改變。

循環是未知的冒險，付諸實行後會學到很多，遠比我在這裡能說的更多。要重複進行愈多次愈好，把循環變得熟能生巧。小處著手，發揮耐心，堅持不懈，引起連鎖反應，把整個工作方式改頭換面。組織可以更具人性、活力與適應力，只等你去發掘。當持續參與式改變的輪子開始滾動，想停下來都難。

臨界

我有位客戶花九個月在各種團隊實行循環，幾位團隊負責人逐漸跳出來推動公司文化的加速轉變。然而大家多有心這麼走，並不清楚。大家要一路勇往直前嗎？還是說，組織有一點改變就夠了？我和團隊在聖塔克魯茲爬山時，接到在那裡最早期的一位客戶來電，他很想有所突破。

「我覺得我們卡住了。這樣下去，我們要怎麼維持自給自足呢？」

「你說得對。我們已經跨出腳步，但現在需要領導團隊跳出來推動透明、自主、實驗……所有我們在探索的原則與做法。」

「如果我們想不出答案，我不確定這還是不是我該待的地方。」

在物理學中，系統在前一階段到下一階段的轉變時刻稱為臨界點（critical point）。作家葛拉威爾（Malcolm Gladwell）則用「引爆點」（tipping point）形容這種社會現象。我們發現，也有一類系統會自行進入臨界狀態，不需要像水沸騰般達到特定的轉變條件，而是自然演化到下一階段。

我們用「臨界狀態」（criticality）稱呼作業系統的轉變，足夠多的人決心自我管理，無從再走回頭路。作業系統到達下一階段，形同脫胎換骨，再也不會落回前一階段。

臨界狀態的公司若想走回頭路，重新推動官僚體制或專斷管制，往往爆發大量出走潮，在團隊或更高層級皆然，因此你在轉變組織時可得當心。當人員對工作深深投入，最終會把工作當成自己的一部分。根據我們的經驗，達到臨界狀態的員工與團隊往往最優秀出色，所以你倒行逆施的風險很大，唯恐失去最好的人才。

我不是在危言聳聽，而是在說明領導階層改變組織作業系統時需謹慎投入，這是心臟手術，不得不慎。

臨界狀態有何跡象？跡象很多，尤以語言與擴散很重要。語言是很有趣的層面，主流業界對組織文化和工作方式的描述詞彙相當有限，但正如北極圈的因紐特人有五十三個單字在指「雪」[12]，你們團隊在體悟更深後會有更多詞彙。「會議」變得空泛，到底是哪種會議？「抱怨」變得太消極。張力出現。「安全」、「體察」與「整體」等軟性字眼紛紛出籠。許多公司會自創字詞，我們公司稱每週的全體會議為「整圈大會」，這詞只有我們心領神會。如果你發現大家的用詞出現轉變，可見臨界狀態到來，畢竟語言是我們賦予意義的方式。

更有力的跡象或許是擴散，亦即你介紹的做法超越原定界限。你聽到其他團隊換不同方法做事——借用你們的新辦法與新策略。其他人邀你們團隊分享與建議，甚至向全公司分享。當界限變得模糊，你們的努力即自行開花結果，至少你們團隊從此變得不同。

持續

改變的最後一部分是持續——若有所謂最後的話。當全系統進入臨界狀態，公司文化其實會自行演變。作業系統原本是黑盒子，現在變得透明，變得貼近，為人人所共享，由人人所維護。

雖然我們常把這階段的組織稱為自給自足，但各團隊有時仍需協助。事實上，這時我們鼓勵團隊把協助加進架構裡。在博祖克照護公司，將近一千個自主管理的團隊背後有十八位教練支援[13]。音樂串流服務商 Spotify 也有類似做法。綜觀這些例子，團隊陷入泥淖時，可以找教練（而非老闆）助一臂之力。既然世上最頂尖的運動員有教練，最頂尖的團隊豈會不需要？

在循環期間，我們開始看到哪些團隊成員更躍躍欲試，更想把新做法付諸實行，於是我們邀他們加入公司裡的教練團，定期訓練與討論，鼓勵他們支援自身團隊與鄰近團隊。這角色也許逐漸變得非正式，純屬榮譽職，但也可能變成職涯出路，如同前述例子。

內部教練只是多一個確保持續參與式改變的方法。許多人很尊敬公司和領導階層，卻赫然發現公司文化在率先說：「我們並不完美，大家仍需努力。」這其實恰恰反映組織走了很遠——明白到學無止境，總有不足。到這個革新階段，我們明白改變是持續進行，沒有盡頭。由於內部或外部因素，情勢刻刻在變，作業系統得時時跟上。

正因如此，在自我管理的敏捷組織裡，一群有志之士會冒出來，更常分享自己的工作、資訊與體悟，並好奇別人是如何解決同一張力。當年 Netflix 公開出版員工手冊《網飛文化集》，可謂非比尋常的一手，如今全球許多品牌都靠這手法招募員工。我期待幾年後有更多進化型組織會攜手合作，不只暢談最新科技趨勢，還會闡述重要得多的基本問題：如何創造更好的未來。

心理安全感

「我們不想花太多時間在軟性的東西上。」控制公司某位主管在團隊集合前跟我說：「我們想做**真正的**工作。」對多數主管來說，真正的工作是指組織圖、問責和評量，這類嚴肅的大事讓公司如同機器。我們把目光放在具體目標上，幾乎忘記自己是在面對活生生的人。

這反應稀鬆平常，隨處可見。許多主管認為花時間照顧情緒或人際關係並非必要，甚至不利。有道是，我們該公私分明，情感不重要，連「專業一點」四字都是在叫人戴上公事公辦的面具。**做好分內工作就對了，別沒事找事，私人情感放心裡就好**。彷彿我們還在上世紀初的工廠裡。

我們之所以不想碰「軟性的東西」，有個原因是不想感到脆弱。若說我們在職場力爭上游時學到什麼啟示，正是別示弱。如果示弱，恐被占便宜，覺得沒面子，更慘的是飯碗不保。結果我們有了抗體，避免在工作上坦然交心、開誠布公。的確，如果下班後多杯黃湯下肚，我們也許會吐真言，但在會議的眾目睽睽下說真話？免談。這個思維導致對各種風險的厭惡，可是如果我們不敢坦然面對後果，又怎麼憑下一個新穎點子振翅高飛？

可惜公司文化若不重視公開透明、不培養人際情誼，終會變得窒礙難行，自食惡果。控制公司也不例外。雖然有些主管把組織效率當作第一要務，員工卻對裁員憂心忡忡，連歹年冬都得繳出好成績，壓力堆積如山，令人喘不過氣，夜以繼日，週末趕工，損及團隊的心理狀態，人員左顧右盼誰能出面救援。某個週一上午，一位職員在「報到」開場時甚至說：「今天上班的路上，我還真想出個車禍，就有藉口不來公司了。」她是講真的。這時你就知道該出面了，破裂的系統無法革新。沒有安全，就無法信任；沒有安全，就無法冒險。若心存害怕，無從發揮最佳工作表現。

二〇一二年，谷歌某團隊推出亞里斯多德計畫，研究目標是運用谷歌人員的數據，分析團隊表現的影響因子，最終希望回答：如何造就傑出的團隊？他們花數年追蹤幾百個團隊，分析幾百個因子與團隊表現的關聯程度，卻赫然發現幾乎不甚相關，團隊表現似乎極視情況而定，某個因子對此團隊有利，對彼團隊則不然。研究至此，他們覺得困在死胡同裡。然而後來他們發現，出色的團隊即便各不相同，卻有兩點相通。第一，所有團隊成員的說話時間相差無幾，或以專業用語來講，就是發言時間呈平均分布。第二，團隊成員很能直覺猜到其他人的感受，亦即人際敏感度的平均值很高。相同發言時間和高度情緒智商——這些都是所謂的軟性因子！

亞里斯多德計畫的成員苦思如何描述這個研究結果，後來發現哈佛商學院教授艾蒙森（Amy Edmondson）提出的「心理安全感」（psychological safety）。艾蒙森是相關研究的先驅，指出心理安全感是「團隊成員共同相信能安心攜手承擔風險[14]」。亞里斯多德計畫的成員發覺艾蒙森的研究十分貼切，跟他們的數據不謀而合：相同發言時間和高度情緒智商能帶來心理安全感，所以他們如此出色。之後，谷歌開始在內部設法促進心理安全感。谷歌規模龐大，可想而知推行不易，但回報相當豐碩。即使整體心理安全感僅些微提升，重大成果依然在望。

團隊不是一組共事的人，而是一組互信的人。

——激勵演說家西奈克（Simon Sinek）

心理安全感對作業系統的革新影響甚鉅。舉我們在控制公司的所見所聞為例，如果你始終無法安心，大概不會冒險採取新做法，不會破除慣例，不會有話直說，只唯唯諾諾聽命行事——背離組織革新之道。換言之，人員的心理安全感愈高，組織愈能見招拆招，妥善調整，因應新挑戰。軟性東西時常是第一要務。

在興新公司，我們從一開始就決定用ICBD法建立心理安全感。ICBD分別是指目的、擔憂、界線與夢想（Intentions, Concerns, Borders, and Dreams），由傑米森（Alex Jamieson）和高維（Bob Gower）所設計，藉由請團隊成員彼此交心來提升互信[15]。我們請大家圍成一圈，從這四個方面各提一題問他們。目的題是：「你個人為什麼想參與這次的改變？」每個人輪流回答，其他人洗耳恭聽。多年來，我目睹各種反應，既有鄭重傾聽，也有熱淚盈眶，深深觸動心弦。活動過後，大家表示彼此關係更加緊密，樂於繼續真誠交流。

當然，有些人會打安全牌，這也無可厚非，所以我三不五時提醒團隊：「各位啊，你們要怎麼收穫，先得怎麼栽。」但我無法代替他們敞開心房，只能示範如何展露內心與脆弱，刻意選擇教練與顧問不會當眾坦言的講法：「我的**目的**是把這裡當成個案研究，寫進我的書中。我的**擔憂**是沒法讓大家敞開心房說真話。我的**界線**是每天傍晚五點要下班，回家陪家人，晚上不會接各位的來信或來電。我的**夢想**是這個改變能在你們公司擴散開來。」你可以看到大家在翻白眼，但這樣拋磚引玉有用，別人會跟著抒發。有人說：「我是來這裡賺錢的。」他確實是這意思。另一個人坦言：「我以前覺得工作滿好玩的，現在我想重拾那樣的我。」他們前一天話還很少，這可謂**進步**。肢體語言改變，氣氛逐漸熱絡，這才是硬道理！

經過將近九十分鐘的ＩＣＢＤ法之後，我問大家：「誰認為我們準備好去做**真正的工作**了？」我稍微停頓：「誰認為剛才**就是**真正的工作？」我稍待片刻，了解他們還沒準備好回答，於是替他們說出口：「有時軟性東西就是硬道理。如果你想主導改變，就得習慣這一點。有些事情能寫下來，有些事情跟人有關，**一切統統是真正的工作**，無從預測會通往什麼方向。」

領導者的角色

領導者們極常問我的問題是：「哪些條件能促進成功的革新？」下一個必然的問題是：「我怎麼確保革新順利展開？」這兩個問題無比重要，原因是你在改變作業系統的角色很特殊，不同於先前你帶領的改變，不是由你搖旗吶喊帶大家前進。作業系統的改變關乎授權，即使你想大手一揮立刻實現，卻其實不是一蹴可幾。

信不信由你，改變的最大阻礙就是你。如果你是創辦人、執行長或團隊負責人，你在組織裡握有過多的大權。大家尋求你的決定、你的批准、你的注意、你的意見、你的預測。要是他們看到你的行為跟以前一模一樣，可不會把改變多當一回事，所以你有工作得做，要管好自我，別發號施令，別指指點點，但務必以身作則勇於嘗試，展開嶄新循環，提出重要問題，至於過去愛評量別人工作的習慣該當丟開，去找點事**做就對了**。

> 人最大的敵人是自己。
>
> ——人文主義之父佩脫拉克

你的新工作是確保改變的條件到位，不僅現在如此，而且永遠如此。雖然你不會做太多傳統意義上的「領導」，所做的事情卻遠遠有益得多：你是在**創造**改變的空間，是在**維護**改變的空間。

創造空間

我們創造新事物萌芽時的空間。某人（也許是你）有了點子，追尋那點子成為真正的事業，火炬熊熊點燃，志同道合的夥伴循火光而來，群策群力攜手向前。由此觀之，空間不只是實際上的，也是概念上的，來自實現具體宗旨的意志（也常包括手段），把組織或團隊維繫在一起。

舉例來說，如果你想讓全球人人有乾淨的飲水，水慈善機構（charity: water）正是為這項工作創造空間的寥寥少數組織。十幾年前，水慈善機構創辦人哈利森（Scott Harrison）眼睜睜看著水資源危機，卻找不到半個組織是靠他所想的方式在解決問題——靠說故事的方式。他從零開始，水慈善機構形同重新發明了慈善事業，早期的創新包括讓你知道善款是用在哪裡，哪個村子或村民因為你而有乾淨的水喝，於是一大堆人踴躍捐款。由於哈利森創造了空間，如今超過七百萬人已經有乾淨的飲水。

你決心要改變作業系統，就得創造閾限空間。如同先前所述，持續參與式改變需要一個界限，可以小到只是一個跨功能團隊，可以大到是一整家企業，人人在其中能安心從事顛覆性創新。然而劃出界限只是開端。

創造空間意謂團隊所有成員要攜手冒險，要休戚與共。即使你們公司文化很好，最好仍假定有些人員並未安心，無法安然做自己，無法安然說真話，無法安然去失敗。即使你認為他們誤會公司了，你跟團隊仍需設法帶來安心。你可以請人員談一談冒險的後果，不只傾聽他們的用詞，也傾聽他們的情緒，再設法導引改變，讓他們看見同理與包容、看見冒險與犯錯是受稱揚的好事。

創造空間也意謂留出改變的時間。多數團隊就是沒時間做改變，時時刻刻兢兢業業，無止無盡精益求精，手忙腳亂分身乏術，不得空也不得閒。作業系統運作不良，他們為求彌補只好不懈工作，忙得天昏地暗，工時超長，休息超少，多數團隊離過勞只有一步之遙。

極大缺點是我們忙到以為沒時間改進工作方式，我超愛的一篇漫畫對此有精采描述。幾個人千辛萬苦想把堆滿石頭的推車拉上山，偏偏車輪是方的。一名男子遇見他們，提出創新的發明：圓形輪子。但他們說：「多謝，不用了。我們太忙了。」這就是你的團隊，也幾乎是所有我合作過的團隊。

為了改變，我們需要留出時間，也需要得到支持。持續進步不是變魔術，而是靠紀律，靠**實行**，一如所有可貴事物般需要花時間。一般團隊每週花不到三十分鐘反思共事方式，你得替他們中斷當前的模式，清出一條路。如果沒空思考，我們無從學習。團隊需要時間反思並檢討自己，需要時間深入工作，需要時間實驗並找出好路。你可以為他們創造機會，也可以授權他們自行創造機會，這兩種方法都有賴於你把整個系統擋在外面，把系統對短期速效的渴望擋在外面。如果你擔心自己在員工學會自我管理後變得無足輕重，請再想一想，你的任務是創造空間。

維護空間

一旦改變的空間有了，你的第二任務於焉展開：維護。許多股力量會設法破壞組織的改變。從現狀得利的人會抵抗改變，不懂新事物的人會抵抗改變，但最難之處是**你無法獨攬**。你們組織會遇到許多問題：我們該如何重組團隊？該留意哪些方面？誰適合擔任這角色？我們該如何分配資源？你很想站出來說點話，因為你不習慣讓問題懸在那邊，向來會設法回答。記憶所及，你的職責就是防患未然，解救團隊。然而在錯綜複雜的未來世界，這一套不再需要。你的**新職責**是確保公司文化日新又新，每天更上一層樓，但如果你想逞英雄，這種公司文化就無從建立。

維護空間意謂任由團隊自行揮灑——去失敗，去學習，去成長。他們自行決定工作方式，為此負起責任，找出自己的路方得成長。每當你發號施令，每當你給出答案，你要嘛錯了，害他們沒有發現更好的路，要嘛對了，卻害他們失去學習機會。維護空間意謂讓團隊邁出腳步，他們方能增肌與健體，受傷與淬礪。

這代表你得置身事外，從不插手？從不出面避免大難？當然不是。你正如同自我管理系統裡的每個人，一旦看到有什麼嘗試會導致危險，對組織或人員造成無從挽回的傷害，則你有責任出聲警告。重點在於，自我管理系統裡的每個人需懂得分辨，何謂可以挽回，何謂無從挽回。但你能向他們指路。

維護空間的責任永無終點。你在開始之前必須確定一件事，那就是你願意在公司內外的各種敵人面前，捍衛你的工作方式。一九七〇年，沃蘭德接掌瑞典商業銀行，推行去中心化方針，這家銀行從而走出風雨飄搖，徹底改頭換面。之後四十五年，這套方針不斷演進，獲致驚人成果。然而當二〇一五年范真森（Frank Vang-Jensen）擔任執行長之際，瑞典商業銀行再次面臨危機。范真森立刻把權力集中回總部，令幾十年來崇尚自由的公司文化重重受挫。總裁波曼（Pär Boman）和董事會眼看苗頭不對，有必要保護這個長年撐起公司的模式，在短短十八個月後聯手把范真森解職。在說明記者會上，波曼表示：「瑞典商業銀行的所有主管，尤其是各分行的主管，務必享有高度自主。職是之故，最高主管需要一套特殊的領導統御能力，遠較傳統管理方式來得錯綜複雜。」警戒實屬必要，在最關鍵時尤其如此。

創造與維護空間十分困難，幸好當組織和作業系統變得成熟，愈來愈多人員會起而響應，攜手朝企業宗旨邁進。新的價值觀、使命感與意義浮現。你心目中的點子開花結果，不再專屬於你，而是大家共有。你的目標與空間，成為大家的目標與空間。你只是小我，加入眾志成城的大我。

改變的原則

我一而再實踐持續參與式改變，學得做好改變的珍貴啟示。要注意的是，這些並非金科玉律。在錯綜系統中，規則會成為限制，綁手綁腳，阻礙應變。我們盡量避免用「絕對」與「絕不」等詞，而是提出大原則，著重於啟發，這些原則在某些情況下經證明有用，但無意當作死板的限制，儘管有點違反直覺，也許能幫助你避開常見的誤區。當你投入當下並找出相鄰可能性，這些原則請記取在心；當你感覺卡住動彈不得，這些原則也許能指路。

由人員帶領，非帶領人員

組織改變的風險很高，喚起我們每個人的控制欲，需為結果負責的主管尤其如此，所以組織改變通常是由上往下推動。儘管人人看到改變的機會，唯獨主管（通常僅限於最高階主管）有權設法抓住，在夠需要時展開行動，組織變革於焉而來。

高階主管若誤把錯綜系統當作複雜系統，會試著掌控改變，決定誰該知情，一切要盯，一切要管，彷彿在為特殊客戶蓋房子。他們查看內部調查的結果，決定哪些部分給下級主管看（一點點），哪些部分給所有人員看（少得多）。他們想像某種未來，然後要求系統遵循。這樣很糟糕，原因是所有系統如何改變以達成目標的資訊就在那裡——**在系統裡**。對多數組織裡的多數人員而言，改變就是一個公告：今日生效，從此不同。然而不需如此。

我們的做法不一樣，著重於一開始就鼓勵參與和自主。早在任何決定拍板之前，我們邀所有關係人加入，這有些風險。在我們所選界限內的每個成員都能上座，從第一天就獲悉動態，「投入循環但不受監管」。高階主管對這一套很不自在，立刻害怕各種後果：團隊陷入亂七八糟，公開透明激起恐慌或反對，情勢失控一發不可收拾，當然還有一點——害怕自己其實沒人需要。但他們得拋開害怕，愈肯信任，正確的改變愈快上演。

從小處著手

在大企業裡，什麼動作都得大——計畫要大，專案要大，收購要大。許多主管因而認為小處無足輕重，各種計畫到頭來常好高騖遠，十萬火急，想迅速大勝。幾乎所有新產品、新流程或新工具都遇到相同問題：「怎麼搞大一點？」彷彿瞬間就能搖身一變，一蹴可幾。如果看似有望搞大，我們就想轟轟烈烈，投入大量資金，處處核可放行，訂下專案經理，訂下發布計畫，諸如此類。在簡單的世界，這也許行得通；但在錯綜的世界，事情瞬息萬變出乎意料。單單著重規模會拖慢腳步，帶來風險，消除種種可能性。在此用個簡單的比喻，左邊是一顆兩百公斤的石頭，右邊是兩百顆一公斤的石頭，哪邊比較容易搬動？哪邊的搬動更危險？哪邊更能靈活運用？

因此，不如從小處著手，人少點也好。與其改變整個程序，不如只改變一部分程序；與其叫多個團隊改變，不如只叫一個團隊改變。你會赫然發現，擴大某個已被驗證且改善過的系統規模，並讓天天身在系統中的人做出改變真是容易。當團隊從小處出發，大家會有幹勁，清楚感到振奮。其他團隊會看到、感覺到，會想共襄盛舉，有為者亦若是。這不是在說規模不重要，而是並非第一要務。種子創投公司 Y Combinator 的共同創辦人葛拉漢（Paul Graham）建議各新創公司：「不做大，不避小[16]。」他的意思是，在做新嘗試的初期，如果去擔心規模，恐怕難以妥善學習成長並脫穎而出。思考要有大局，行動則需務實，規模自會變大。

■從做中學

現有工作方式也許不甚理想，但我們仍全練成專家，集數年經驗，甚至數十年功力，駕輕就熟，胸有成竹，還靠這份專業換得職位與權力。無怪乎，試新方法會引發恐懼與不安。畢竟誰想覺得自己是初出茅廬的新手？誰想捉襟見肘？

我們害怕脆弱，於是轉為懷疑，想妥善分析再採取行動，想詳加研究再付諸實行，想先有時間充分思考哪裡唯恐出錯，想先確定這是**唯一最佳之道**。在企業文化中，預設的問題是：「這當中是否有風險？」這是用來保護現狀的預設機制，我們總找得到理由不去試。然而在錯綜的世界裡，這樣可行不通。畢竟，試了才知道。好比說，你光是讀《高爾夫文摘》，也許能讀到些好技巧，但純屬紙上談兵，無法真正學會揮桿，不實際上場就無從進步。

你不該是跟團隊成天討論新工作方式，而是要鼓勵他們去嘗試、去實驗。如果實驗時間合理，就放手一試，然後檢視是否有益（或無益），這樣做有兩個理由。首先，試過**之後**的數據遠比之前多。第二，工作方式的多數改變都可安心一試，最壞頂多是大家面面相覷，一致同意：以後不試這個了。但就連這個啟示都有價值。

察覺與反應

領導心理的常見模式包括一個認知：得靠意志力獲得成功。我們設定目標，勇往直前，埋頭苦幹，所以常以我**想要**什麼的目光看待周遭，設法扭曲世界以迎合願望，無論在開發人員、商品或市場等各方面皆然，缺點是常太過投入而忘記傾聽，沒去感覺實際情況，忽略信號與意見，錯失改變方向的機會。你是否曾開了一整天的會，由會議主席強行推動議程，不顧大家其實該談別的方向？這是種行為塑造（behavior shaping）。商品開發亦然，如果你們團隊沒有跟顧客或用戶直接接觸，自然無法設身處地。你要是曾暗想或自問：「我錯失了什麼？」答案是：「大概錯失了很多。」

我們可以選擇練習去察覺，好好留意情況的發展，包括會議室的變化、關係的變化，甚至自己身體的變化。光是下意識覺得被某位同事評斷而想避開對方，並不是進步；察覺並設法解決，才是好反應。談到意見回饋，我們常想到問卷的白紙黑字，但不只如此，真正的意見回饋有許多形式，我們得把意見回饋結合目標、察覺與行動，方能真正順應變化，市場的變化如此，再小的變化皆然。我們若摘下有色的眼鏡，真正去觀看、去察覺，方能體察動靜，更接近目標，而且常是走預料之外的蹊徑。

從停止開始

人類生來貪心，極不擅捨棄，你只消打開櫥櫃、衣櫃或車庫就會明白我的意思。我們一直蒐羅東西、蒐羅東西，堆積如山，從不停下來看看能丟掉什麼。組織也不例外，每次問題出現，我們認為解決之道就是**增多**：僱更多人，開更多會，頒布更多新政策——組織負債一再增加。起先你會直覺認為要引進新的工作方式，例如新的會議類型、決策工具和組織架構。這些都讓人躍躍欲試，也滿管用，但你也許會發覺不太牢靠。如果組織裡已經有太多綁手綁腳的做法，再錦上添花，只會弄巧成拙，簡單說就是空間不夠。

反之，你要捫心自問：「我們能停掉什麼做法，取消什麼措施？」在因應張力時，思考是什麼阻礙了更好的行為或做法。大多數規定和程序之所以出現，只因我們不信任人員能做對的事情。當組織逐漸能自行運作，我們開始能看重開放的空間，供人員自行判斷。你看到有做法行不通，就提議暫時廢除看看，交由公司文化做決定。與其制定新的休假政策，不如淘汰舊政策，跟人員說你相信他們能自行負責決定假怎麼放。同理，與其增加新會議，不如廢除成效不彰的舊會議，看大家是否因此缺了什麼。這樣做能創造空間，人員與團隊更容易找到相鄰可能性，從而發展出更好的工作方式。

加入抗拒

人會抗拒改變，這是多數人的見解。至於我們這些少數有志之士則願意大膽邁向未來，任何捍衛現狀的傢伙鐵定錯了，根本是反動分子或懶惰鬼，難道他們看不出來**這個**改變實屬不得不為，對大家都有好處？火車即將離站，他們最好上車對吧？

不對。這種有關抗拒的陳腔濫調會導致走錯路，扭曲現實，掩蓋人性與同理。人可以改變，也確會改變，只是要在對**他們**有意義時才會變。人不是抗拒所有改變，只是抗拒沒道理的不良改變。也許他們有誘因去不計代價地避免失敗，我們卻在叫他們冒險。或者，也許他們用舊方法或舊工具駕輕就熟，我們的要求只導致手忙腳亂。這種情況會引起很真實的反應，通常也情有可原，但我們不屑一顧，他們只好益發頑抗，於是大家動彈不得。

與其火上加油，不如把抗拒當作一種資訊。他們抗拒改變時，是在告訴你某些事情，而你的職責是找出弦外之音。抗拒是在叫你開口、傾聽與學習。你不必急著說服，不必冷嘲熱諷，而是等他們做好準備。不過在你等待之際，在你替他們維護空間之際，記得參考他們的想法，確保你要的改變更切合他們。

擴大改變

「我們要怎麼擴大規模？」與新公司的客戶問。我們已經合作數月，目前的改變令人愈趨雀躍，效率增加，時間也變多。某個高階主管說：「老實說，這些工作已經卡住很多年了，沒想到竟然能在過去四週迎刃而解。」另外，我們也聽到更多深入的心得與對話。另一個高階主管在回顧檢討時說：「這支領導團隊在過去三個月講了好多話，比過去六年講得還多。」

但種種衝勁導向一個問題：其他人呢？目前我們是鎖定超過兩萬人的大企業裡的寥寥幾百人，遠非擴及每個人——以現在的速率，我們還達不到就退休了。可見規模是關鍵議題。

在自我管理範疇，規模是極莫衷一是的錯綜議題。首先，絕少超過一萬人的企業能真正宣稱做到去中心化與動態運作，有些人甚至認為絕無可能（或說不值得費事）。有些人認為辦得到，但方法是由各個小組織採聯邦制運作，類似市場而非傳統企業。不過一件事倒是千真萬確：人類活動達到空前規模，事情比該當的更困難棘手。

雖然在組織達成規模**之前**先採取自我管理的原則和做法無疑比較容易，但在規模甚大後再實行亦非不可。此外，我們務必學習如何在大規模組織裡推行改變，否則將來唯恐面臨不必要的波折與打擊。成功改造大型失能組織實為這時代的重大議題。雖然你花個週末就能創辦公司，但創造另一個學校系統、健保系統或政府真乃天壤之別，完全是另一回事。

談到大規模自我管理，最令人困惑的是定義問題。豐田汽車算是正在做嗎？谷歌算嗎？臉書算嗎？西南航空算嗎？這涉及到底何謂大規模自我管理。這些企業確實有把本書所談的一部分概念付諸實行，卻皆未徹底拋開骨董作業系統。即使拋開，也不算抵達終點或大功告成。自我管理是一條持續精進之路，沒人走完過，所以替企業分門別類也許不是我們的第一要務。

反之，如果我們同意重點是顛覆原本的官僚體制，換成更具人性、活力與適應力的做法，則唯一的問題是如何加速進程。理論上來說，怎樣算可行？

首先，深度促發與循環能帶來有機的規模擴大，但絕少迅速實現，絕少一帆風順，唯恐顛簸跌撞，每個轉彎都可能一頭撞上現有作業系統的阻礙。然而每次新思維的促發，每次改變的浮現，都是池子裡的漣漪。每個實驗都可能往外擴散，激發其他團隊展開自己的循環過程，我把這戲稱為「循環的循環」。如果正確條件具備，相鄰可能性會浮現。

我們工作時發現至少三種正向模式接續在促發與循環之後出現。

信心。人若處於安全的空間，獲准採用自己的工作方式，即使只是一小部分，仍很有助益。循環相輔相成，心理安全感增加，人們會敞開心胸，行為隨之改變，信任程度提升。事實上，美國東北大學教授德斯特諾（David DeSteno）先前的研究指出[17]，信任有一種光環效應，從個人互動擴散出去。信任帶來信任。團隊若成功經歷二或三次循環，未受打擾與限制，則會覺得跟其餘組織文化大不相同，這份信心會在人員合作時感染其他團隊。

放鬆。當你替人員省下時間，降低壓力，提升表現，促進向心力——這會明顯感覺得出來，衡量得出來。當《財星》雜誌十強企業的行銷長向同行說，他們團隊靠改變在每週省下十四小時，這時你會看到大家臉上的羨慕。談到骨董公司文化的最愛，莫過於可衡量的生產力提升，所以當確實提升了，效果會迅速擴散出去。

好奇。成功實驗會揭露新的可能性，新工作方法也會讓眼界打開。克里斯汀生教授曾對貝斯肯軟體公司創辦人福萊德說：「問題是心裡的空間，供答案填進去。如果你沒提出問題，答案無處可去，撞上心頭就彈走了。你得問出問題，想要知道，才能替答案闢出空間[18]。」這對工作變革而言正確無比。我們從小處著手，逐漸渴求更激進的點子，愈來愈往外擴大。如果你從未試過沒議程的會議，豈能開放地革除傳統預算制定方法？沒辦法的。每輪循環中，我們記下同仁提的問題，等待答案。良好循環會帶來更大且更深的問題。

我們目睹這三個模式在興新公司出現，就在他們詢問規模一事之際。他們早期的一項實驗鎖定短跑衝刺，專案管理已經變得無趣與封閉，這個張力是該團隊的主要問題。團隊主管說明：「我們決定投入一個專案，等一個月再開第一場會，之前都埋頭苦幹，像在穀倉裡，最後再把答案告知公司，到時候意見回饋為時已晚，什麼也沒法改。」幾個團隊同意跟著實驗，在八週裡每週進行短跑衝刺，每週五向公司報告進度，再粗略也無妨。

幾週內，「短跑衝刺」變成相關部門嘴邊的用語，團隊效能大幅提高，而且每週的意見回饋比以前更可行。我們開始發現，有些原本沒參加的團隊也自行展開短跑衝刺，熱中無比，一時之間短跑衝刺簡直變成所有問題的解答。口號流傳：「看什麼不爽？試試短跑衝刺吧！」這顯然不是所有問題的解答，但大家如此熱烈，顯見我們正走在對的路上。

這種進展令人歡欣鼓舞。然而，光是從某個職務或損益表開始改變，卻期望其餘部門自發跟進新工作方式，並不切實際。如果我們在小處成功，還有更好的方法能向外推廣。

一個方法是利用這股勁把團隊的成功往上帶，最好擴及一個以上的職務、部門或地點。當你從組織太過深入的位置開始，團隊也許會發現缺少權力，難以做出當務之急的改變。他們通常比自己所想的更有自主權，比如多數團隊能改變開會或溝通的方式，但他們還是受控制範圍所局限。團隊更有權力就能排除障礙，加速改變，把權力分出去，選擇針對限制的程序、政策、架構或工具做實驗，甚至廢除之。高階領導團隊實行循環後，幾乎包準把權力分配出去，推動資訊流通，從而釋放先前壓抑的潛能與幹勁。

基於這理由，只要情況允許，我們會從最高層開始著手。即使我們為改變所訂的界限並不包含全公司，有高階團隊的支持與好奇依然有益，之後變革能更如火如荼迅速推動。有些社群很嚴格，比如《自由企業》（*Freedom, Inc*）的作者格茨（Isaac Getz）支持法國的企業自由化運動，而這個不可思議的運動認為，企業執行長必須全心擁護自我管理的原則，該企業才有資格加入他們的行列。我為這個信念鼓掌，但不確定唯一策略是否就是等執行長腦袋轉過來。其實**體驗**新工作方式是茅塞頓開的最佳方法，我們永遠能展開行動，跨出腳步就對了。

現在回到與新公司，規模的問題仍甚囂塵上。「大家與其擔心怎麼把規模做大，不如擔心有什麼可能阻礙擴散。」我說。結果答案列出一長串，包括其他主管、禁掉最佳工具的資訊政策、迫在眉睫的每季目標、對於嘗試的普遍限制，族繁不及備載。

我們決定立刻展開兩個行動。第一，我們和高階領導團隊做促發活動。既然我們小有所成，需要邀他們參與，看是同意或反對我們的舉動。

第二，我們必須創造分享的條件。當你的新方法獲數個團隊青睞，會希望擴散開來，所以需要讓團隊安心留意哪種方法管用，鼓勵他們借用。我們決定每月在全體會議上強調新做法，傳達出：「看一看你們同事在幹嘛，我們支持他們。如果你想做什麼嘗試，我們會做你的後盾。」

雖然擴大新工作方法（和改變）的規模並非易事，可能令人洩氣，但別太放在心上。無論規模大小，臨界狀態都可能出現。個人能給團隊臨門一腳，團隊能給部門臨門一腳，部門能給整個跨國企業臨門一腳。有道是，數十載無事發生，一發生抵數十載。

終章

美夢到來

未來已在這裡——只是未平均分配。

——作家吉布森

（William Gibson）

我發自內心認為，我們都很清楚不改變工作方式的後果，現在就在眼前緩緩上演。大量官僚缺乏良知及願景。新創公司意在顛覆現狀，卻無意間背道而馳。貧富差距甚大。工資停滯不前。公司拿人員賺的錢添購新科技，把人員取而代之。民族主義。民主陷入泥淖。股市取決於政策與名嘴而非企業表現。氣候變遷愈演愈烈，威脅數十億人的安危，不啻一記重擊。這全源自我們盲目因循過去的那一套——那套根本誤解人性與錯綜的作業系統。這不是實現中產階級經濟的良好資本主義，而是發達資本主義，甚至裙帶資本主義。

這樣的未來對我行不通。我們必須明白，二十世紀的官僚體制和資本主義帶我們來到**這裡**，但除非再行進化，否則無法帶我們到所需的未來。我們該擔起這次文藝復興的責任。你能從心底感到**這是轉捩點**，未來有待我們抓住，而我始終在想：如果我們把事情**做對**會怎麼樣？我們很清楚進化型組織的樣子，但**進化型世界**呢——大規模實現正向待人和錯綜意識的世界呢？這難以想像得多，但值得一試。在我的想像中，未來的工作世界是……

- 所有企業、政府、社會機構和非營利組織實行**持續參與式改變**，渴望每天精益求精，不只對顧客如此，對所有相關人員與社區亦然。

- **宗旨**與**人類繁榮**驅動企業。成長是結果，不是目標。
- **自我管理**是主流組織架構，多數工作環境強調自由與責任。
- **員工持股**和**參與**獲得支持。有些企業並不是真正的合作社，但酬勞發得比合作社還普及。多數企業在創辦人和投資人獲得足夠的利潤後，會轉型成員工或社群所持股擁有的實體。
- 新型態組織承擔**公眾利益**，平衡信託責任。賺錢不再是企業的唯一功能。
- 更多公司保持**私營**，抗拒外部投資，以免蒙受外部影響與壓力。需要資金的公司愈來愈是從社群或投資人得到注資，報酬的定義變得寬鬆。需要公開上市的公司是透過新平臺上市，關注長期而非短期。
- **多元**、**平等**和**包容**能提升表現，反映人的價值，所以是成功的基石。組織做出權衡，以期做好這三點。
- **創新**和**實驗**更隨處可見，稀鬆平常。即使在充分區分輕重緩急的環境，仍不難看到各種嘗試。
- 由於**科技擴大**和**官僚減少**，大家更有創意與產能，所以組織也變小，員工數變少，人均獲利提升。

- **永續**與**環保**成為經濟公式很重要的一部分。碳中和躍居桌上籌碼，再生設計與節能營運日益興盛。
- **監管**更符合**錯綜意識**，較少規定與服從，較多實驗與嘗試。現在是說：「所有車輛必須在二〇二〇年前達到何種燃料效率的目標。」屆時在談：「何種條件與引導能促使車廠持續提升燃料效率？」
- 經濟依然起起伏伏，但比較不是源自本可避免的系統失能。多數企業和產業更具**彈性**和**適應力**，迅速分析，立即反應，妥善避開損害。
- **慈善**和**商業**不再涇渭分明。更多公司看起來像湯斯（Toms）公益休閒鞋品牌或瓦比派克平價眼鏡公司，而非愛迪達或雷朋太陽眼鏡公司。創業人愈來愈認同企業家塞姆勒（Ricardo Semler）的喟嘆：「當你有東西回饋，表示你之前拿取太多了[1]。」他們把社會影響力加進商業模式中。
- 消費者在**當地購物**，增加社區的**金錢流通**。這反過來逼使全國性企業與國際企業在當地採購、運作與投資。

- 愈來愈可能在**當地**和**線上**消費，兩者不再互斥，各種商品可以由當地人製造、運送和提供服務。
- 公立教育著重**創造力**和**錯綜問題解決能力**，讓學生具備從事未來新職業的本事。學生花多數時間在學習如何加入高效能的團隊，**創業技巧**比錄取常春藤盟校更重要。
- 新型態的**全民基本收入**正經過測試，探究是否能滿足人類生活的基本需求，並鼓勵我們藉企業、服務和社區分享天賦。
- 新型態的**貨幣**和**交易方式**提供替代方案，有別於目前借貸付利息的模式。
- 區塊鏈和虛擬貨幣促進**分散式自治組織**和類似組織，取代傳統的企業與合夥，實現大規模的分散式合作。

這種未來有可能嗎？答案取決於你是問誰。骨董型經濟學家也許嗤之以鼻，但拉沃斯（Kate Raworth）這種叛逆型經濟學家會說我們別無選擇。經濟學界現在有股新浪潮，拉沃斯是其中一員，他們質疑經濟成長是否真是所有問題的解方，還是說該是時候改變經濟的作業系統了。在二〇一八年的 TED 演講上，拉沃斯直接挑戰傳統經濟理論：「二十世紀的經濟學向我們保證，如果經濟成長導致貧富不均，可別設法重新分配，而是靠更多的成長讓貧富差距再次縮減。如果經濟成長導致汙染，別設法監管，而是靠更多的成長讓環境再次乾淨。然而，其實目前並非如此，今後亦非如此[2]。」經濟成長替人類帶來可觀益處，卻也造成代價。問題在於：我們有沒有辦法讓**每個人**富起來，卻不致摧毀地球？就算有辦法，然後呢？資源有限，GDP成長終將無以為繼。

> 如果人類想存活下去，前往更高的層次，則必然需要新思維。
>
> ——愛因斯坦

當然，這不是什麼新點子。一九六八年，富勒（R. Buckminster Fuller）在大作《地球號太空船操作手冊》（*Operating Manual for Spaceship Earth*）就提過警告。數十年前，哲學家羅素（Bertrand Russell）在〈閒暇頌〉（In Praise of Idleness）也嚴詞批判世人的現有做法：

假設特定人數的工人從事針的生產，每天工作八小時，生產世上所需的量。某人提出新發明，相同人數能生產兩倍的針：針原本就很便宜，即使降價，銷售量難以增加。在理智世界，大家會改成工作四小時而非八小時，其餘並無不同。但在眞實世界，這做法被視爲令人沒勁，大家依然每天工作八小時，生產太多針，有些雇主破產，半數工人被炒魷魚。最後閒暇時間和另一種做法一樣多，只是半數人徹底無所事事，半數人依然工作過度。由可觀之，無可避免的閒暇帶來各種悲慘，而非普遍快樂。還有比這更瘋狂的事嗎？3

數十年來，箇中訊息一清二楚。我們需要脫離無止盡消費的模式（永遠往右上揚的圖），改採再生與分配的模式。這不是共產主義復辟，不是國營企業，而是塑造新目標。問題不在自由市場，而在我們的價值觀，在我們告訴自己的故事。可惜的是，我們卡在這個經濟、教育與社會的作業系統循環中，受系統形塑，潛移默化，若想掙脫開來，就要建立新的架構與平臺，培養進化型組織並加以維繫。幸好現在已經看得到影子了。

磚塊

當經濟的作業系統是在推動成長與收益而非宗旨與意義，建立並維繫進化型組織就是場艱難苦戰。從公司到募資，商業的生態系統環環相扣，非常根深蒂固，所以創造可靠的替代方案無比困難與重要。幸好新的經濟作業系統正在浮現，創業者和股東有機會改變底下的限制。

> 天底下最難掌控的，實行起來最危險的，成功與否最難測的，莫過於率先引入新秩序。
>
> ——馬基維利

新型態公司

傳統公司的主管要負法律責任，亦稱為信託責任，即必須維護股東的最佳利益。當然，

「最佳利益」在實務上是指**把報酬率極大化**。法律完全避開外部性——追尋該目標時對環境或社會可能的影響。企業高層**有責任**汙染環境，不顧法規，只要這樣能替股東帶來立即的收益，就算股東最終得喝這些汙水，吸這些廢氣，也沒關係。獲利至上，不知宗旨為何物。

然而這即將改變。現在**公益企業**（public benefit corporation）嶄露頭角，這種相對新型的企業能把宗旨或使命擺在獲利之上，做有益社會的事情。公益企業把這種權利與責任寫進企業規章，得以保護自身使命，就算公開上市亦然。這種企業填補了營利組織和非營利組織之間的長年空缺，營利組織的規模大上許多，卻不為行事負責；非營利組織著重使命，卻缺乏手段或動機去妥善投入關鍵領域，例如科技、能源、醫護、運輸及基礎建設。公益企業結合兩者：兼顧**宗旨**與**獲利**，調和**規模**與**影響力**。在我寫書之際，美國已有三十四個州立法支持這種企業，更多州正紛紛跟進。有些最前瞻的企業已經跨出腳步，成為公益企業，包括美則公司（Method）、募資平臺 Kickstarter、有機梅食品公司（Plum Organics）、巴塔哥尼亞、達能北美分公司（Danone North America），每間都是好公司。

公益企業代表法律面的創新，B 型企業（Certified B Corporations）則代表營運上的創新。B 型實驗室（B Lab）是非營利組織，推動公益企業的法規模式，並訂立一套衡量社會影響力的具體標準。背後概念是把目標化為成果，不只看企業的價值觀，還看企業的行為。企業若想成為 B 型企業，必須通過 B 型影響力評估，從營運與商業模式等兩個角度，衡量在管理、員工、地區和環境等方面的影響力，若分數通過門檻，則能註冊為 B 型企業，使用相關名號與標誌。目前 B 型企業已經超過二千六百家，遍布於全球六十個國家、共一百五十多個產業。有意思的是，許多企業既善用公益企業的法律架構，也善用 B 型企業的認證，以提升透明程度與企業責任，追尋一種全新的企業表現。

另一方面，企業的一部分未來可能來自過往。**合作企業**（cooperative）是一種民主加共同擁有制的企業，歷史相當悠久，源自十八世紀末至十九世紀初左右。合作企業基本上採取羅許代爾原則（Rochdale Principles）[4]：(1) 開放式的志願成員制；(2) 民主式的成員管理；(3) 成員參與式經濟；(4) 自主與獨立；(5) 教育、訓練和資訊；(6) 各合作企業之間的合作；(7) 對社區的關懷。這種企業本質上是**民享**與**民治**。雖然合作企業的法律架構很進步，管理模式卻可能不盡理想。無論大小議題，「一人一票」原則可能讓位給專橫的共識決。因此，有些合作企業開始實驗自我管理模式，藉同意與投票分散權力與提升靈活度。不過某項研究顯示[5]，西歐、美國和拉丁美洲的合作企業已經比傳統企業**更加有生產力**。

如果你是想創立無中心的分散式組織呢？那就是新興的**分散式自治組織**（decentralized autonomous organization，簡稱 DAOs），藉區塊鏈和虛擬貨幣創造商品與服務，不由特定中心控制。關於這種具爭議的新型態組織，區塊鏈導航網（Cointelegraph）解釋得最好：「想像自動販賣機不只收你的錢、給你一包餅乾，還拿那筆錢自動重新叫貨，甚至自行訂清潔服務和支付租金。此外，當你把錢投進機器的時候，你和其他客人能決定機器要訂哪種餅乾，又該多常清潔。這部機器不需管理員，一切由程式寫好[6]。」各開發者運用開發比特幣和以太幣等虛擬貨幣的經驗，探索新世代的去中心化應用，讓組織能像那部神奇販賣機般運作，藉由稱為智慧合約（smart contract）的一系列規則，創造整個組織，持續注資並經營，不必有任何階層管理，從支付開發者薪水到做投資決定皆採分散式處理。想找執行長？想找企業總部？你找不到的。這種技術現在還在初期階段，面臨安全、決策制定與開發者法律責任等課題，但我認為若干年後我們會更常聽到分散式自治組織的消息。

新型態投資

所有組織在初期還面對一個難題：如何募資以追尋使命。有些公司能自己募資，但很多組織起初需要靠投資展開事業，之後也要靠投資擴大規模。所有靠傳統投資的公司是（常屬不經意）承諾會永遠成長，以換取現在的資金。雖然初期也許難以想像，但成長的本質是剝削。舉谷歌為例，他們當初崛起時有「不作惡」的口號，堪稱反傳統的崇高代表，但後來你無法「組織全球的資訊」，卻不無意間（或有意間）**控制**資訊的流通。再舉臉書為例，他們的崇高使命是「讓世界更靠近」，但由於臉書要靠廣告收入，其成長有賴於抓住更多注意力，也就必然在非常根本的認知層面上操弄我們，並造成上癮。這兩家企業還是由看似正直的創辦人所主導，現在想像一下如果企業高層就是壞蛋會怎麼樣。

但，就連只是借錢的公司也不好過。美國聯邦準備銀行和私人商業銀行借錢會**收利息**，所有貸方都得繳款，所以借錢的公司務必支應最初的借款，再多加一點，才有辦法達到損益平衡。有意思的是，在上個世紀，有些經濟學家提出**負利息**（像保管費）的概念，以期活絡金錢在社會裡的流通。如果你回想價值儲存的最初形式，例如麵包、穀物、水果和家畜，其實全會隨時間腐壞。坐在堆積如山的穀子上好幾年，不會變得有錢，反而形同浪費，變得一無所有。反之，你可以選擇出借，收取零元利息甚至更低，期望日後需要時能回收，這種模式下的多餘穀子有流通，於是有價值[7]。同理，當錢在社群裡經過十次轉手而非一次，經濟就變得暢旺。我們離這種時候很遠，但在經濟大蕭條等危機期間，有些社群靠類似概念大為成功。不難想見，該為經濟衰退負責的政府，旋即關閉最初被經濟衰退觸發的這類實驗。

在這世紀，既然有新型態的企業把公眾利益與使命擺在前頭，我們便需要符合自身價值觀的新投資人與新投資工具。**影響力投資**（impact investing）即反映投資人想從事有助公眾利益的投資，隨著企業社會責任與三重底線（triple bottom line，社會、環境與經濟）等概念日益為人所知，這個市場成長為二千五百億美元的產業，接下來十年還會進一步成長到五千億美元以上。私募股權基金TPG最近推出睿思基金（Rise Fund）[8]，堪稱這類基金裡最大的基金，募集超過二十億美元，創辦理事包括U2合唱團的波諾（Bono）、電影製片斯克爾（Jeff Skoll）、維珍集團創辦人布蘭森（Richard Branson）和矽谷企業家霍夫曼等。另外，貝恩資本公司（Bain Capital）也推出三億九千萬美元的雙重衝擊基金（Double Impact Fund）[9]。

風投基金也在覺醒。更佳風投基金（Better Ventures）、衝擊引擎風投基金（Impact

Engine）和諾利風投基金（Notley Ventures）在按理念投資，卻未損及招牌的出色績效。紐約的社會衝擊基金（Social Impact Capital）不只思考投資，還考量其投資組合裡各公司的穩健度，執行董事柯恩（Sarah Cone）接受嘎吱創業公司資料庫（Crunchbase）專訪時說：「我在投資前測試〔他們的概念〕的方法是問自己：『萬一世上最邪惡的企業收購了這家公司怎麼辦？他們能不能終止社會公益的部分，但不扼殺整家公司？』如果答案是能，我們就不投資。[10]」這分辨方法真厲害。

獨立風投（Indie.vc）並未明確鎖定社會影響力，而是顛覆風險投資的模式本身；不是尋找有利可圖的獨角獸公司，而是投資那些從早期即有營收與獲利的「真貨」公司。獨立風投有些反常的做法，例如不是先持有股票，而是持有股票期權，只有在你後來籌錢或被收購時才會轉成股票，否則就是靠共享獲利回收資金，以原始投資的三倍為限。獨立風投的官網說：「靠快樂顧客和營收協助企業擴大沒比較困難，戒除花別人錢的癮頭沒比較簡單，此中自由與好處現於企業文化的方方面面。新創公司流著紅血，真貨公司流著黑血[11]。」真聰明的投資。

那麼需要靠股票上市來實現願景的公司呢？上市很不吸引人，如今最熱門的新創公司會延後上市，每年的新上市公司數僅二〇〇〇年之前的三分之一[12]。在我寫書之際，Airbnb 的估值為三百億美元，才約莫十歲，比聯合航空更有價值，至今卻仍未上市。相較之下，當年亞馬遜上市時的市值僅四億三千八百萬美元[13]。當企業未公開上市，只有菁英投資人能從企業的蓬勃發展分一杯羹。然而在另一端，許多公司面臨市場上的緊迫盯人與沉重壓力，有些執行長尋求長程成功（或宗旨與社會影響力），卻遭激進投資人譴責抗議，有些交易員靠演化法頻繁買賣股票，從短期波動賺得眉開眼笑。

創業家萊斯著有暢銷書《精實創業》（*The Lean Startup*）和《精實新創之道》（*The Startup Way*），他有個更好的點子，好得多的點子。過去五年，他悄悄構思並成立「長期股票交易所」（Long-Term Stock Exchange）。長期股票交易所跟一般交易所有幾個關鍵差異。第一，股東的投票權取決於持股時間長短，你把股票抱得愈久，影響力愈大。第二，長期股票交易所要求企業高層的薪水與企業長期表現掛鉤。最後，長期股票交易所有額外的揭露要求，企業透明度在股東和高層之間都有所提升。至於效果如何？借用 Airbnb 共同創辦人切斯基（Brian Chesky）的話，在長期股票交易所上市的公司享有「無限投資期限」，不再拿下一季交換未來了。各位，要把目光放遠，可別短視近利。根據美國證管會的近期資料，長期股票交易所會先試著跟ＩＥＸ交易所（Investors Exchange）合作，用它的平臺提供首次公開發行，之後再提出獨立交易所的申請，即將在近期問世。萊斯的構想尚在實現之路上，但我們眼看有人正朝股市現狀鳴槍，可以稍微安心一點。

純屬開始

這些創新不是解決之道，只是一場文藝復興的開端——組織功能的文藝復興。我們的職責不是盲目採用，而是去驅策，去提倡，促使種種創新進化為重要的替代方案，得以站穩腳步。如今只有不到百分之一的公司在嘗試這類嶄新可能，臨界點猶在千里之遙，有賴你這樣的有志之士把未來拉得更近，化不可能為可能——為了下一世代的企業創辦人與團隊。

走向開闊的世界

談到工作的未來，還有許多問題懸而未答。我們眼前有諸多可能性，也許前一秒樂觀到不行，下一秒憤世到嚇人。在這趟旅程的最後，我想回應最哽在心頭的幾個問題。簡單的答案並不存在，只是些強烈意見，正待檢驗。我希望的是，我在此提出這些主題，接下來數月與數年你能踏上回答之路，替自己找出更深切的答案。

人人都有辦法這樣工作嗎？不夠聰明或成熟的人呢？我們很容易認為，自我管理有賴於一定程度的才智與沉穩，然而我想這是誤解。自我管理需要情緒成熟度與能力，**任何人**在對的環境都能達到。火箭科學家並非人人能當，但烤肉也不是人人會烤。我們的天賦、教育和社會化程度各不相同，在對的情境下能化為力量。在工廠、速食店和零售業，往年員工常如用過就丟的消耗品，我卻在這些地方目睹到自我管理的蓬勃興盛，所以相信工作的未來能適用於每個人。汽車大亨福特有句話說得好，完全總結我的感受：「無論你相信自己做不做得到，你想得都沒錯。」

會有足夠的工作給每個人做嗎？如果企業變小，科技愈來愈能幹，大家會不會飯碗不保？此時此刻，人工智慧、機器人和自動化正在重塑職場。當網景創辦人安德森（Marc Andreessen）說「軟體正在吃掉世界[14]」，可不是在開玩笑。無論你走到哪裡，複雜工作正逐漸由科技主宰。在我們公司，網路機器人已經代勞不少工作，例如蒐集意見回饋與安排會議。特斯拉等企業正在研發自動駕駛貨車，威脅到許許多多人的生計，目前全美國有三百五十萬人靠開貨車為生。三九%的法律相關工作會在未來十年消失[15]。接下來會發生什麼事，取決於我們。如果我們繼續遵照經濟學家傅利曼的話，認為企業的社會責任就是增加利潤，那麼空前的經濟衰退正伺機襲來。講白點，一大堆人失業會怎麼樣？他們可沒法買你的商品，諸如此類。

但還是有好消息：雖然複雜工作消失不見，還有許許多多錯綜工作有待完成。研究指出，在未來，無需遵照各種規則與檢核清單的非重複性工作不太會被自動化取代。無人機能替葡萄園澆水，卻不會經營釀酒廠。應用程式能協助你冥想，卻無法提供伴侶諮商服務。人工智慧能設計很好的健身計畫，但你很容易就把手機擱在一邊，比不上在健身房有位真人訓練員癡癡等著你。科技無法發明未來，唯有人類才辦得到。科技會協助我們，會改變團隊樣貌，會改變職涯之路，但我們仍有工作得做，而工作會變得比先前更具創意，更錯綜，更有挑戰性。

那教育呢？我們需不需要改變教育方式，協助年輕學子對新的工作世界做好準備？絕對需要。畢竟泰勒主義並不止於職場，還徹底影響教育，備妥一代代工人踏入工廠。今日學校的價值觀和架構，實則反映我們試圖推翻的骨董作業系統。老師（老闆）握有權威，學生則沒有。高三生可以在大街小巷開車，卻需獲准才能上廁所。課程（工作）很死板固定，不由人自己決定，還常過時老掉牙。每年書市推出百萬本新書，學子卻還在讀古典小說《紅字》。學習是透過講課（指導），而非好奇與體驗。科目（職務）各上各的，缺乏融會整合，數學就只是數學，理化就只是理化，想靠數學設計出東西？少胡思亂想吧。學習成果是靠考試（訓練與證書）檢驗，而非練習或實作。失敗會受罰，聽話會受獎。跟現代職場十分相仿吧？相仿而不當。二〇一三年，教育家米托（Sugata Mitra）在TED的得獎演講談到教育改革：「〔我們〕建立了很頑強的系統，至今揮之不去，還在為了不復存在的機器，製造千篇一律的學生[16]。」然而我們仍有希望。許多學校正在設計二十一世紀的創新教育，例如米托的雲端學校（School in the Cloud）、德國的福音學校柏林中心（Evangelical School Berlin Centre），還有塞姆勒的巴西盧米亞學校（Lumiar）。傳統的年級、課堂和科目消失不見，崇尚好奇及主動參與的整合式學習取而代之，學生、家長和教職員攜手設計課程。這些學校正在顛覆傳統教育。問題在於，是否有夠多學校拋開過去的習慣，帶領學子與我們迎向未來？

那些依然崇尚階層、服從或其他骨董特質的公司文化呢？需要整個國家與所有民眾改

弦易轍才能成功嗎？這難道不是殖民主義嗎？我在美國以外的地方演講時，一而再遇到這些提問。這樣問合情合理。舉凡自主、包容、公開透明與公平公正等概念，在不同文化下會激起不同感受。根據歐洲工商管理學院教授邁耶爾（Erin Meyer）的研究，文化在許多方面各形各色，領導方式不同，溝通模式各異，例如日本的企業文化很階級嚴明，但他們在制定決策時更強調尋求共識，提案會先在下層讓大家過目再呈交高層。談到負面的意見回饋，以色列人也許顯得較直接，印尼人則較委婉。若謂有些文化先進，有些文化落後，其實不見得準確。反之，談到工作，每個文化都有根深蒂固的長處與短處。無論在哪個文化下，所有企業主管有責任去問的是：我們的哪些工作方式有益，哪些則否？我們能珍視文化與多元，但往上超越。重點在於，不能只是緊抓傳統或常規不放，而是要知道當中會造成何種弊害。

如果每個組織都實現正向待人和錯綜意識，要如何脫穎而出？如果使命、永續和人本成為圭臬，大家要如何彼此競爭？對我來說，這是最有意思的問題。這些事情在今天讓組織脫穎而出，在明天可能讓人人一致。如果每間雜貨店都像全食超市般進步，我怎麼決定去哪買東西？如果每家服飾公司都像巴塔哥尼亞或艾弗蘭，我怎麼決定穿哪一牌？如果每家公司都是「最令員工心儀的雇主」，我怎麼選擇投哪家履歷？這是個有趣的思考實驗，而且我想是所有參與這運動的人的盼望——盼望世界快跟上。然而重點是：會限制你自己的，只有你的想像力。當霍克（Tony Hawk）以滑板首次達成空中轉體九〇〇度（旋轉兩圈半）之際，這招根本是不可能的神乎其技，但十三年後，年僅十二歲的舒爾（Tom Schaar）成功做到空中轉體一〇八〇度。我們就是一再挑戰不可能，一再提高標準。因此，我認為這問題的答案是，組織能靠**做得更多**來脫穎而出。你自認很在乎顧客嗎？看一看亞馬遜吧。你自認很注重永續嗎？等著看巴塔哥尼亞的下一步吧。重點是：**有難題是好事**。正如B型實驗室的團隊所說，如果大家不是想當這世界最強的人，而是想替這世界做最好的事，那真是太棒了。這依然是資本主義裡的競爭，卻是用不同的計分板，不是一人獨贏，而是人人都贏，皆大歡喜。

如同我們在開頭所提，所有模式都是錯的，但有些模式是好用的。在我們分道揚鑣之前，且讓我說一句：這本書並不完美。犯錯所在多有。也許我對某個組織的描述跟你（或他們自己）不同，也許我對某個概念或特性的闡述不如其他專家，甚至可能漏掉什麼大重點——這個重點在幾年後出現，徹底翻轉我們的組織方式。沒關係，我能接受。因為我在這裡提的**夠多了**。夠讓你體悟到我們並未做到最好，還能做得更多。夠去開始，夠去走下去，這些才是重點。進步凌駕完美，勇氣凌駕謹慎。這不是一般之路，而是未來組織再進化。

致謝詞

首先，非常感謝我最棒的太太兼好友布莉特（Britt）。在我進行這專案之際，她妥善安排了搬家事宜，實在太能幹，大家平平順順從這國家的一頭搬到另一頭。她是優雅的化身。話說五歲小孩通常沒什麼耐性，所以我很感謝兒子赫斯里（Huxley）在整段過程如此體諒與支持。有趣的是，我們到頭來比以前有更多相處時間，每分每秒我都很珍惜。

我來自一個工作狂家庭。老爸彼特（Pete）是最早陪我東想西想的夥伴，很慶幸這次他也很關切本書的議題，還和他太太凱莉（Kelly）不只一次協助我突破心理障礙。老媽芭柏（Barb）帶給我自信與堅持，多年來勇於挑戰學校官僚系統，對我深有啟發。在此向我兄弟班恩（Ben）脫帽致敬，他勇敢離開了不愛的工作。在此也深深感謝其他家人，包括我太太很有性格的家人、我百折不撓的祖母，以及最最最妙的嬸嬸阿姨、伯伯舅舅、堂表兄弟姊妹。

我從沒看過哪個團隊比 Portfolio 更能體現「眼明心誠，百戰不敗」。在此要傳一張獨角獸動圖給編輯 Leah Trouwborst，沒有她就沒有這本書，最早慧眼識英雄的就是她。Adrian Zackheim 和 Will Weisser 梳理出這本書想傳達的訊息，確保內容正確，對此我深深感謝。此外，感謝其他神勇的人員，包括 Tara Gilbride、Alie Coolidge、Helen Healey、Ryan Boyle、Daniel Lagin、Chris Sergio、Eric White、Matthew Boezi、Hilary Roberts。若非你們，這本書只是世上最落落長的部落格貼文。

無比感謝我的團隊——大家真是最棒的同仁，打著燈籠找不到。你們在許多方面協助我成長：Sharan Bal、Michelle Beatty、Larke Brost、Tim Casasola、Larissa Conte、Sarah Davis、Kate Earle、Rodney Evans、Mack Fogelson、Laine Forman、Lisa Gill、Oday Kamal、Jurriaan Kamer、MJ Kaplan、Christine Lai、Kate Leto、Lisa Lewin、Kate MacAleavey、Kathryn Maloney、Yehudi Meshchaninov、Tom Nixon、Spencer Pitman、Ali Randel、Jon Roth、Gary Shaw、Sam Spurlin、Will Watson。音樂劇《漢密爾頓》有一句話：「明天我們會有更多人。」

感謝這些年來曾跟我共事的前同事。尤其感謝在我首次思考本書之際，那些在我身邊的同仁。你們陪我縱身躍下，小弟永誌不忘。對於在外面以自身方式「改變世界運作方式」的大德，我向你們致敬。

這本書主題包羅萬象，需要格外費心研究。Azy Groth 和 Tim Casassola 花數個月天天投入，Jared Lindzon 和 Aimee Groth 也在初期貢獻良多。在此向摯友 Meg Thompson 舉杯，身為資深文學經紀人的妳給了我許多出版指導，多年來惠我良多，現在這本書出版了，我們能跳支舞慶祝一下啦！還要感謝我的演講經紀人 James Robinson，你找各種理由把我送到世界各地講這故事，沒有你我做不到呀，大哥。

若非從過去到現在的勇敢客戶，準備公司早已不復存在。你們一心打造更好的未來，對我甚有啟發。有時不只我改變你們，你們也改變我。感謝 Beth Comstock、Linda Boff、Sarah Wills、Raghu Krishnamoorthy、Russell Stokes、Susan Sobbott、Scott Roen、Frank Cooper、Simon Lowden、Massimo Portincaso、Scott Harrison、Lauren Letta、Marc Lien、John Polstein、Lorin Thomas Tavel。感謝所有邀我到各位公司的各路高手，你們或位高權重，或藏龍臥虎，或顛覆傳統，或推陳出新。若非你們，世界會停滯不前。

如果你像我一樣拚命工作，可是很難結交朋友，更難留住朋友，所以我超感謝 Ben Kaufman、Rachel Shechtman、Ricky Van Veen、Steve Roberts、Steve Holt、Eliot Drake、Brian Swibel、Scott Belsky。你們堅持說對的話，做對的事，對我深具啟發。

我能很有信心地說，這本書很少點子是我原創的。我要感謝許多聰明勇敢的先鋒，他們帶頭探索工作方式，改變我的組織思維。整份名單會太長，在此只感謝教我最多的幾位：Dennis Bakke、Steve Blank、Jos de Blok、Bjarte Bosgnes、Jacob Bøtter、Brian Carney、James Carse、W. Edwards Deming、David Dewane、Peter Drucker、Amy Edmondson、Charles Eisenstein、Gerard Endenburg、Robin Fraser、Jason Fried、Isaac Getz、James Gleick、Seth Godin、Deborah Gordon、Paul Graham、Adam Grant、Dave Gray、Gary Hamel、David Heinemeier Hansson、Tim Harford、Frederick Herzberg、Jeremy Hope、Steven Johnson、Daniel Kahneman、Kevin Kelly、David Kidder、Doug Kirkpatrick、Henrik Kniberg、Lars Kolind、John Kotter、Frederick Laloux、Jason Little、David Marquet、John E. Mayfield、Douglas McGregor、Greg McKeown、Melanie Mitchell、Taiichi Ohno、Tom Peters、Niels Pflaeging、Daniel Pink、Adam Pisoni、Eric Ries、Brian Robertson、Ricardo Semler、Peter Senge、Simon Sinek、Dave Snowden、Nassim Taleb、Ben Thompson、Geoffrey West、Meg Wheatley、Keith Yamashita、Jean-Francois Zobrist。還有幾位我一時記不得，在此格外感謝他們，他們的想法伴隨著我，只是名字沒有。我還格外感謝 Tom Thomison，你適時帶領我接觸這些卓見，點燃我心中的火焰，令我們兩人嚇了一跳。四十八

小時的相處，成為往後許多事情的開端，真是怪有意思。當然，也超感謝 Douglas Rushkoff 和我攜手寫下近期的幾篇宣言。

最後，我要向無數在外頭開拓的團隊致意。你們在發明工作的未來，祝你們激發更多人共襄盛舉，攜手前行。

附錄

進化型組織

為了找出各種有效運用新工作方式的組織，我採用下列標準：

(1) **組織需大於十人。**這也許顯得武斷，但我發現組織需有一定規模與錯綜程度，方能開始測試新工作方式。

(2) **組織至少需成立五年。**組織需要些時間發展更特殊與豐厚的作業系統。

(3) **組織需有彰顯正向待人和錯綜意識的明確原則與做法。**這類措施不必全組織通行，但在實行的地方需穩穩落實，開花結果。

基於這些標準，我和團隊在全球考慮了數百個組織，包括過去與現在的例子。名單所列是最啟發我們的組織，這些公司不只明顯給個人更多自主權，也善用慎思的程序與社會常規來引導行為，不是靠由上往下掌控，而是藉正向同儕壓力和公開透明激發責任感，促進協調合作，區分複雜與錯綜，憑常遭忽略的對話藝術喚起同理與學習。雖然沒有傳統意義下的老闆與上司，但組織裡並非群龍無首，反而像是領導有方。

但我先把話講白：這些組織並不完美，各有各的掙扎與張力。有些組織在某個職務或地方成功，在他處卻滑鐵盧。有些組織面臨多元與包容的問題。有些組織反被自己的規模與成功所囿，明知不該卻回頭重拾官僚體制。但重點是：他們在設法解決。在各組織的實例裡，所有人員天天面對化張力為改變的機制。

我也得說，我花好幾個月苦思是否把谷歌、亞馬遜和臉書等產業巨擘列進名單。這些企業以近乎空前的方式進行學習與適應，在自主權與公開透明等方面常有出色表現，但有時難以守住人性，還遠不如名單上的許多組織，而且在世界上太舉足輕重。基於這些原因，我雖然在書中舉出它們最值得稱許的作為，但這次暫不列為進化型組織。接下來你會看到兩份名單：一份是進化型組織，組織文化符合上述標準；一份是啟發型組織，組織文化仍有不足，但也有太多值得我們學習之處。

若說我在這趟旅程學到什麼，那就是世界很大。在寫這本書之際，我接觸到數十個值得大書特書的案例與文化，而且相信外面還有成百上千個這類案例與文化。如果你知道哪個進化型組織，或自己就參與其中，請上 BraveNewWork.com 與大家分享。

進化型組織

AES
Askinosie Chocolate
Automattic
Basecamp
Black Lives Matter
Blinkist
Bridgewater
Buffer
Burning Man
Buurtzorg
BvdV
charity: water
Crisp
David Allen Company
dm-drogerie markt
elbdudler
Endenburg Elektrotechniek
Enspiral
Equinor
Evangelical School Berlin Centre
Everlane
FAVI
Gini
GitLab
Gumroad
Haier
Handelsbanken
Haufe-umantis
Heiligenfeld
Hengeler Mueller
Herman Miller
HolacracyOne
Ian Martin Group / Fitzii
Incentro
John Lewis
Joint Special Operations Command
Kickstarter
Lumiar Schools
Medium
Menlo Innovations
Mondragon
Morning Star
Nearsoft
Netflix

Nucor
Orpheus Chamber Orchestra
Patagonia
Phelps Agency
Pixar
Premium-Cola
Promon Group
Red Hat
School in the Cloud
Schuberg Philis
Semco Group
Spotify
stok
Sun Hydraulics
Treehouse
USS *Santa Fe*
Valve
Whole Foods
W. L. Gore
WP Haton
Zalando Technology
Zappos
Zingerman's

啟發型組織

Airbnb
Amazon
Chipotle
Chobani
Danone North America
Etsy
Facebook
GitHub
Google
Johnsonville
Lyft
Quicken Loans
Slack
Southwest Airlines
Stack Overflow
Toyota
Warby Parker
WeWork
Wikimedia
Zapier

運用作業系統畫布

作業系統畫布能激發絕佳談話與有力故事，協助你和團隊分辨：何處需發揚，何處需改變。甚至還能幫你得到預期之外的靈感。不過在你首次展開談話之前，我們想推薦一個稍具架構的工作坊形式，既安全又有效，扼要說明如下。

(1) **準備**。找個寬敞安靜的大會議室，至少要有一大面空白的牆或窗戶。你可以邀自己的團隊，也可以邀全公司裡感興趣的人參加，不超過十五位。印出作業系統畫布的十二個主題（可在 BraveNewWork.com 下載），預先貼在牆上。替每個參加者準備兩本便利貼（黃色和綠色），還有彩色筆。

(2) **報到**。請每個參加者「報到」，回答一個問題：「你在注意什麼？」請大家願意展現脆弱面，把心打開，由你自己先示範。

(3) **介紹**。節選本書的段落，向參加者介紹組織作業系統的概念，讓大家簡短討論一下。

(4) **張力。**請大家根據下述問題列出平時感到的張力：是什麼害你（或團隊）無法發揮最好的工作表現？是什麼在拖慢你（或團隊）的速度？我們組織所面臨最大的問題是什麼？請每位參加者在黃色便利貼寫下回答，一個回答寫一張，每人至少寫五張。

(5) **亮點。**請大家根據下述問題列出亮點：什麼行得通？是什麼讓你能發揮最好的工作表現？是什麼加快你（或團隊）的速度？是什麼協助你做出更好的決策？你以我們的哪個工作方式為榮？我們組織最大的優點是什麼？請每位參加者在綠色便利貼寫下回答，一個回答寫一張，每人至少寫五張。

(6) **張貼。**請每位參加者把「張力」和「亮點」貼在自認最相關的畫布上，順便跟大家扼要說明。大家可以提問與回答，而且認知到有些張力同時涉及許多主題。

(7) **討論。**一次討論一個主題上的張力，找出模式與特性。大家要問自己：為什麼現在會碰到這些議題？底下源自什麼架構、角色或程序？源自個人的什麼行為、態度或認知？不同主題的張力之間有何關聯？背後是否有什麼更大的共通模式（例如互信不足，所以把各種決策留給管理階層，很多會議上都有人在尋求上級的許可）？

(8) **察覺。**根據先前的討論，問大家想做何改變。想把哪一件事換相反的方法來做？哪些加加減減也許能帶來其他可能性？挑出任何想法或做法，當作前幾輪循環的主題。關於循環，參見第259頁。

注釋

第一部：工作的未來

1. William J. Donovan, *Simple Sabotage Field Manual* (Washington, D.C.: Oxford City Press, 2011).
2. Ray Morris, *Operating Organization of the Union Pacific and Southern Pacific Systems, Railroad Administration* (New York and London: Appleton, 1920), Baker Old Class Collection, Baker Library Historical Collections, Harvard Business School.
3. National Transportation Operations Coalition, "2012 National Traffic Signal Report Card: Technical Repot," www.ite.org/pub/?id=e265477a-2354-d714-5147-870dfac0e294.
4. John Metcalfe, "Why Does America Hate Roundabouts?" *CityLab*, March 10, 2016, www.citylab.com/transportation/2016/03/america-traffic-roundabouts-street-map/408598.
5. "Roundabout Benefits," Washington State Department of Transportation, accessed September 1, 2018, www.wsdot.wa.gov/Safety/roundabouts/benefits.htm.
6. Anu Partanen, "What Americans Keep Ignoring About Finland's School Success," *The Atlantic*, December 29, 2011, www.theatlantic.com/national/archive/2011/12/what-americans-keep-ignoring-about-finlands-school-success/250564.
7. Jason Yip, "Japan Lean Study Mission Day 4: Toyota Home, Norman Bodek, and Takeshi Kawabe," *You'd think with all my video game experience that I'd be more prepared for this: Agile, Lean, Kanban* (blog), December 8, 2008, http://jchyip.blogspot.com/2008/12/japan-lean-study-mission-day-4-toyota.html.
8. Frederick Winslow Taylor, "Shop Management," paper presented at the American Society of Mechanical Engineers meeting in Saratoga, New York, June 1903.
9. Robert Kanigel, *The One Best Way: Frederick Winslow Taylor and the Enigma of Efficiency* (Cambridge, MA: MIT Press, 2005),

214.
10. Robert Kanigel, "Taylor-Made. (19th-Century Efficiency Expert Frederick Taylor)," *The Sciences* 37, no. 3 (May 1997): 1–5.
11. Tim Hindle, *Guide to Management Ideas and Gurus* (London: John Wiley & Sons, 2008).
12. Frederick Winslow Taylor, *Principles of Scientific Management* (New York and London: Harper & Brothers, 1911), 36–37.
13. Duff McDonald, *The Firm* (New York: Oneworld, 2014).
14. NateIBEW558l, comment on "[Serious] Reddit, What's the Worst Example of Workplace Bureaucracy You've Ever Encountered?" Reddit, r/AskReddit, October 18, 2014, www.reddit.com/r/AskReddit/comments/2jmvro/serious_reddit_whats_the_worst_example_of.
15. *Merriam-Webster Dictionary Online*, s.v. "Bureaucracy," accessed May 26, 2013, www.merriam-webster.com/dictionary / bureaucracy; "-cracy," accessed September 12, 2018, www.merriam-webster.com/dictionary/-cracy.
16. Gary Hamel and Michele Zanini, "Excess Management Is Costing the U.S. $3 Trillion Per Year," *Harvard Business Review,* September 5, 2016, https://hbr.org/2016/09/excess-management-is-costing-the-us-3-trillion-per-year.
17. Hamel makes this inference about U.S. workers based on Australia data, "Get Out of Your Own Way: Unleashing Productivity" (Building the Lucky Country: Business Imperatives for a Prosperous Australia, no. 4), Deloitte, 2014, https://www2.deloitte.com/au/en/pages/building-lucky-country/articles/get-out-of-your-own-way.html.
18. Steve Blank, "Organizational Debt Is Like Technical Debt—but Worse," *Steve Blank* (blog), May 19, 2015, https://steveblank.com/2015/05/19/organizational-debt-is-like-technical-debt-but-worse.
19. Max Roser, "Economic Growth," Our World in Data, 2018, https://ourworldindata.org/economic-growth.
20. Max Roser, "The Short History of Global Living Conditions and Why It Matters That We Know It," Our World in Data, 2018, https://ourworldindata.org/a-history-of-global-living-conditions-in-5-charts.
21. Innosight, "Creative Destruction Whips Through Corporate America" (executive briefing), Winter 2012, www.innosight.com/wp-content/uploads/2016/08/creative-destruction-whips-through-corporate-america_final2015.pdf.

22. Scott D. Anthony, S. Patrick Viguerie, and Andrew Waldeck, "Corporate Longevity: Turbulence Ahead for Large Organizations," Innosight, Spring 2016, www.innosight.com/wp-content/uploads/2016/08/Corporate-Longevity-2016-Final.pdf; Scott D. Anthony et al., "2018 Corporate Longevity Forecast: Creative Destruction Is Accelerating" (executive briefing), Innosight, February 2018, www.innosight.com/wp-content/uploads/2017/11/Innosight-Corporate-Longevity-2018.pdf.
23. Madeleine I. G. Daepp et al., "The Mortality of Companies," *Journal of the Royal Society Interface* 12, no. 106 (2015), doi: 10.1098 /rsif.2015.0120.
24. Evelyn Cheng, "Just 10% of Trading Is Regular Stock Picking, JPMorgan Estimates," *CNBC,* June 13, 2017, www.cnbc.com/2017/06/13/death-of-the-human-investor-just-10-percent-of-trading-is-regular-stock-picking-jpmorgan-estimates.html.
25. Benjamin Graham as told to Warren Buffett. Recounted in Berkshire Hathaway's 1987 letter to shareholders, available here: www.berkshirehathaway.com/letters/1987.html.
26. Wassili Bertoen and Maarten Oonk, "The Big Shift," Deloitte, January 6, 2017, https://www2.deloitte.com/nl/nl/pages/center-for-the-edge/artikelen/the-big-shift.html.
27. John Hagel et al., "Success or Struggle: ROA as a True Measure of Business Performance," Deloitte, October 30, 2013, https://www2.deloitte.com/insights/us/en/topics/operations/success-or-struggle-roa-as-a-true-measure-of-business-performance.html.
28. Scott A. Christofferson, Robert S. McNish, and Diane L. Sias, "Where Mergers Go Wrong," *McKinsey Quarterly*, May 2004, www.mckinsey.com/business-functions/strategy-and-corporate-finance/our-insights/where-mergers-go-wrong.
29. John Kelly, Colin Cook, and Don Spitzer, "Unlocking Shareholder Value: The Keys to Success," KPMG, 1999, http://people.stern.nyu.edu/adamodar/pdfiles/eqnotes/KPMGM&A.pdf.
30. "Frequently Asked Questions About Small Business," U.S. Small Business Administration, Office of Advocacy, August 2017, www.sba.gov/sites/default/files/advocacy/SB-FAQ-2017-WEB.pdf.
31. J. D. Harris, "The Decline of American Entrepreneurship—in Five Charts," *The Washington Post*, February 12, 2015, www.

washingtonpost.com/news/on-small-business/wp/2015/02/12/the-decline-of-american-entrepreneurship-in-five-charts/?utm_term=.c65afa6f0d87.

32. Ben Casselman, "The Slow Death of American Entrepreneurship," *FiveThirtyEight*, May 15, 2014, https://fivethirtyeight.com/features/the-slow-death-of-american-entrepreneurship.
33. Ian Hathaway and Robert Litan, "The Other Aging of America: The Increasing Dominance of Older Firms," Brookings Institution, July 2014, www.brookings.edu/wp-content/uploads/2016/06/other_aging_america_dominance_older_firms_hathaway_litan.pdf.
34. "Frequently Asked Questions About Small Business," U.S. Small Business Administration, September 2012, www.sba.gov/sites/default/files/FAQ_Sept_2012.pdf.
35. U.S. Bureau of Labor Statistics, "Multifactor productivity trends, 2017," March 21, 2018, www.bls.gov/news.release/prod3.nr0.htm; Shawn Sprague, "Below Trend: The U.S. Productivity Slowdown Since the Great Recession," *Beyond the Numbers: Productivity* 6, no. 2 (January 2017), www.bls.gov/opub/btn/volume-6/below-trend-the-us-productivity-slowdown-since-the-great-recession.htm.
36. Lawrence Mishel and Jessica Schneider, "CEO Pay Remains High Relative to the Pay of Typical Workers and High Wage Earners," Economic Policy Institute, July 20, 2017, www.epi.org/publication/ceo-pay-remains-high-relative-to-the-pay-of-typical-workers-and-high-wage-earners.
37. Mishel and Alyssa Davis, "Top CEOs Make 300 Times More Than Typical Workers," Economic Policy Institute, June 21, 2015, www.epi.org/publication/top-ceos-make-300-times-more-than-workers-pay-growth-surpasses-market-gains-and-the-rest-of-the-0-1-percent.
38. Claire Lickman, "Humanity Over Bureaucracy: New Models of Care, by Alieke Van Dijken," *The Happy Manifesto* (blog), June 27, 2016, https://happymanifesto.com/2016/06/27/full-talk-humanity-bureaucracy-alieke-van-dijken; "Buurtzorg's Healthcare Revolution: 14,000 Employees, 0 Managers, Sky-High Engagement," *Corporate Rebels* (blog), June 21, 2017,

https://corporate-rebels.com/buurtzorg.
39. Frederic Laloux, *Reinventing Organizations* (Brussels, Belgium: Nelson Parker, 2014).
40. Brian M. Carney and Isaac Getz, *Freedom, Inc.: How Corporate Liberation Unleashes Employee Potential and Business Performance* (New York: Somme Valley House, 2016).
41. Matthew E. May, "Mastering the Art of Bosslessness," *Fast Company*, September 26, 2012, www.fastcompany.com/3001574/mastering-art-bosslessness.
42. Abraham H. Maslow, *Maslow on Management* (Homewood, IL: R. D. Irwin, 1965); Carl R. Rogers, *On Becoming a Person: A Therapist's View of Psychotherapy* (Boston: Houghton Mifflin, 1961).
43. Brené Brown, *Daring Greatly: How the Courage to Be Vulnerable Transforms the Way We Live, Love, Parent, and Lead* (New York: Gotham, 2012), 142.
44. Douglas McGregor, *The Human Side of Enterprise: Annotated Edition*, commentary by Joel Cutcher-Gershenfeld (New York: McGraw Hill, 2006), 4.
45. 同上。
46. Daniel H. Pink, *Drive: The Surprising Truth About What Motivates Us* (New York: Riverhead Books, 2009), 5–9.
47. 同上，89; Myrlande Davermann, "Why HR = Higher Revenues," *CNN Money*, September 22, 2006, https://money.cnn.com/magazines/fsb/fsb_archive/2006/07/01/8380516/index.htm?postversion=2006092217.
48. "The Story of FAVI: The Company That Believes That Man Is Good," European Workplace Innovation Network, http://uk.ukwon.eu/File%20Storage/5160692_7_The-story-of-favi.pdf.
49. Google Trends, s.v. "VUCA," accessed September 1, 2018, https://trends.google.com/trends/explore?date=all&q=VUCA.
50. 12th IAAF World Championships in Athletics, "IAAF Statistics Handbook, Berlin 2009" (Monte Carlo: IAAF Media & Public Relations Department, 2009), 554–55.
51. William Samuelson and Richard Zeckhauser, "Status Quo Bias in Decision Making," Journal of Risk and Uncetainty 1 (1988),

7–59, https://doi.org/10.1007/BF00055564.

52. James J. Choi, David Laibson, and Brigitte C. Madrian, "Plan Design and 401(k) Savings Outcomes," working paper 10486 (Cambridge, MA.: National Bureau of Economic Research, 2004): www.nber.org/papers/w10486.pdf.

53. Daniel Kahneman, Jack L. Knetsch, and Richard H. Thaler, "Anomalies: The Endowment Effect, Loss Aversion, and Status Quo Bias," *Journal of Economic Perspectives* 5, no. 1 (1991), doi:10.1257/jep.5.1.193.

54. Astro Teller, "Google X Head on Moonshots: 10x Is Easier Than 10 Percent," *Wired*, February 11, 2013, www.wired.com/2013/02/moonshots-matter-heres-how-to-make-them-happen.

55. George E. P. Box and Norman R. Draper, *Empirical Model-Building and Response Surfaces* (New York: John Wiley & Sons, 1987), 440.

第二部・作業系統

1. Gary Hamel, "First, Let's Fire All the Managers," *Harvard Business Review*, December 2011, https://hbr.org/2011/12/first-lets-fire-all-the-managers.

2. Milton Friedman, "The Social Responsibility of Business Is to Increase Its Profits," *The New York Times Magazine,* September 13, 1970.

3. Scott Winship, "What Really Happened to Income Inequality in the 20th Century?" *The Atlantic*, May 14, 2012, www.theatlantic.com/business/archive/2012/05/what-really-happened-to-income-inequality-in-the-20th-century/257156.

4. Kevin Laws, "Successful Startups Don't Make Money Their Primary Mission," *Harvard Business Review*, July 10, 2015, https://hbr.org/2015/07/successful-startups-dont-make-money-their-primary-mission.

5. "Performance of Firms of Endearment," Firms of Endearment, accessed September 1, 2018, www.firmsofendearment.com.

6. Marilyn Strathern, " 'Improving Ratings': Audit in the British University System," *European Review* 5, no. 3 (July 1997): 305–321.

7. Greg McKeown, *Essentialism: The Disciplined Pursuit of Less* (New York: Crown Business, 2014), 126.
8. Ben Barry, "Facebook's Little Red Book," Office of Ben Barry, accessed September 1, 2018, http://v1.benbarry.com/project/facebooks-little-red-book.
9. Valve, *Handbook for New Employees* (Bellevue, WA: Valve Press, 2012), www.valvesoftware.com/company/Valve_Handbook_LowRes.pdf.
10. "Our Story," David Marquet, accessed September 1, 2018, www.davidmarquet.com/our-story.
11. Jason Fried and David Heinemeier Hansson, *Rework* (New York: Crown Business, 2010), 260.
12. "Our Beliefs & Principles," Gore, accessed September 1, 2018, www.gore.com/about/our-beliefs-and-principles.
13. Bill Fischer, Umberto Lago, and Fang Liu, "The Haier Road to Growth," *strategy+business*, April 27, 2015, www.strategy-business.com/article/00323?gko=c8c2a.
14. Zhang Ruimin, "Why Haier Is Reorganizing Itself Around the Internet of Things," *strategy+business*, February 26, 2018, www.strategy-business.com/article/Why-Haier-Is-Reorganizing-Itself-around-the-Internet-of-Things?gko=895fe.
15. Niels Pflaeging, "Org Physics: How a Triad of Structures Allows Companies to Absorb Complexity," LinkedIn, February 12, 2017, www.linkedin.com/pulse/org-physics-how-triad-structures-allows-companies-absorb-pflaeging.
16. Ken Yueng, "Medium Grows 140% to 60 Million Monthly Visitors," *Venture Beat*, December 14, 2016, https://venturebeat.com/2016/12/14/medium-grows-140-to-60-million-monthly-visitors.
17. Ev Williams, "Renewing Medium's Focus," *3 Min Read* (blog), *Medium*, January 4, 2017, https://blog.medium.com/renewing-mediums-focus-98f374a960be.
18. Rob Reid, "Medium Targets 10 Million Paying Members in 5 Years," *NewCo Shift* (blog), *Medium*, October 13, 2017, https://shift.newco.co/medium-targets-10-million-paying-members-in-5-years-40029cf2bb8f.
19. Patagonia, "Don't Buy This Jacket, Black Friday and the New York Times," *The Cleanest Line* (blog), *The Cleanest Line,* November 25, 2011, www.patagonia.com/blog/2011/11/dont-buy-this-jacket-black-friday-and-the-new-york-times.

20. Daryl Kulak and Hong Li, *The Journey to Enterprise Agility: Systems Thinking and Organizational Legacy* (Cham, Switzerland: Springer International Publishing, 2017), 172.
21. Adrian Cho, *The Jazz Process: Collaboration, Innovation, and Agility, Portable Documents* (Boston: Pearson, 2010), 94.
22. Wermer Vogels, "The Story of Apollo—Amazon's Deployment Engine," *All Thing Distributed* (blog), November 12, 2014, www.allthingsdistributed.com/2014/11/apollo-amazon-deployment-engine.html.
23. Andrea Huspeni, "Why Mark Zuckerberg Runs 10,000 Facebook Versions a Day," *Entrepreneur*, accessed September 1, 2018, www.entrepreneur.com/article/294242.
24. Jordan Husney, "Strategic Prioritization Using 'Even Over' Statements," *Parabol* (blog), *Medium*, October 22, 2017, https://focus.parabol.co/strategic-prioritization-using-even-over-statements-fb63e78e7b4d.
25. Dave Snowden, "Think Anew, Act Anew: Scenario Planning," *Dave Snowden* (blog), *Cognitive Edge*, April 21, 2009, http://cognitive-edge.com/blog/think-anew-act-anew-scenario-planning.
26. Jeremy Hope and Robin Fraser, "Who Needs Budgets?" Harvard Business Review, February 2003, https://hbr.org/2003/02/who-needs-budgets.
27. Niels Kroner, *A Blueprint for Better Banking: Svenska Handelsbanken and a Proven Model for More Stable and Profitable Banking* (Hampshire, UK: Harriman, 2011).
28. Steve Morlidge, *The Little Book of Beyond Budgeting* (Leicestershire, UK: Matador, 2017), 19.
29. John Tierney, "The Non-Tragedy of the Commons," *TierneyLab* (blog), *The New York Times*, October 15, 2009, https://tierneylab.blogs.nytimes.com/2009/10/15/the-non-tragedy-of-the-commons.
30. David Kesmodel, "Meet the Father of Zero-Based Budgeting," *The Wall Street Journal*, March 26, 2015, www.wsj.com/articles/meet-the-father-of-zero-based-budgeting-1427415074.
31. Cobudget, accessed September 1, 2018, https://cobudget.co/#; Participatory Budget Project, accessed September 1, 2018, www.participatorybudgeting.org; "Enspiral Handbook," Enspiral, accessed September 1, 2018, https://handbook.enspiral.

com.

32. Wynne Parry, "Exaptation: How Evolution Uses What's Available," *Live Science*, September 16, 2013, www.livescience.com/39688-exaptation.html.

33. Sam Biddle, "Whoops! The 10 Greatest (Accidental) Inventions of All Time," *Gizmodo*, August 26, 2010, https://gizmodo.com/5620910/whoops-the-10-greatest-accidental-inventions-of-all-time.

34. Justin Fox, "Amazon, the Biggest R&D Spender, Does Not Believe in R&D," *Bloomberg*, April 12, 2018, www.bloomberg.com/view/articles/2018-04-12/amazon-doesn-t-believe-in-research-and-development-spending.

35. Andrew J. Smart, "Why Organizations Should Embrace Randomness Like Ant Colonies," *Harvard Business Review*, September 13, 2013, https://hbr.org/2013/09/why-organizations-should-embra.

36. "The Lean Startup Methodology," The Lean Startup, accessed September 1, 2018, http://theleanstartup.com/principles.

37. "Dec 01: 1913: Ford's Assembly Line Starts Rolling," This Day in History, History.com, December 1, 2009, www.history.com/this-day-in-history/fords-assembly-line-starts-rolling.

38. Sumesh Krishnan and Dr. Mukul Shukla, *Concepts in Engineering Design* (Chennai, India: Notion Press, 2016), 6.

39. Henrik Kniberg, "Spotify Engineering Culture (Part 1)," *Spotify Labs* (blog), March 27, 2014, https://labs.spotify.com/2014/03/27/spotify-engineering-culture-part-1.

40. John Zeratsky, "Sprints Are the Secret to Getting More Done," *Harvard Business Review*, March 15, 2016, https://hbr.org/2016/03/sprints-are-the-secret-to-getting-more-done.

41. Michael Mankins, Chris Brahm, and Greg Caimi, "Your Scarcest Resource," *Harvard Business Review*, May 2014, https://hbr.org/2014/05/your-scarcest-resource; "You Waste a Lot of Time at Work," Atlassian, accessed September 1, 2018, www.atlassian.com/time-wasting-at-work-infographic.

42. Vala Afshar (@ValaAfshar), "You likely have to get management approval for a $500 expense . . . but you can call a 1 hour meeting with 20 people and no one notices," Twitter, July 8, 2015, 9:59 a.m., https://twitter.com/valaafshar/status/61882678

3799025664?lang=en.

43. Eugene Kim, "Slack, the $2.8 Billion Startup That Wants to Kill Email, Really Is Reducing Work Email," *Business Insider*, October 29, 2015, www.businessinsider.com/slack-survey-shows-it-reduces-work-email-2015-10.
44. Ed Catmull, "Inside The Pixar Braintrust," *Fast Company*, March 12, 2014, www.fastcompany.com/3027135/inside-the-pixar-braintrust.
45. Ed Catmull, "How Pixar Fosters Collective Creativity," *Harvard Business Review*, September 2008, https://hbr.org/2008/09/how-pixar-fosters-collective-creativity.
46. Oliver Staley, "The Creator of WordPress Shares His Secret to Running the Ultimate Remote Workplace," *Quartz at Work*, May 29, 2018, https://work.qz.com/1289444/automattics-secret-to-successful-remote-work-is-having-everyone-meet-in-person.
47. Henri Lipmanowicz and Keith McCandless, *The Surprising Power of Liberating Structures: Simple Rules to Unleash a Culture of Innovation* (Seattle, WA: Liberating Structures Press, 2014); "Liberating Structures," accessed September 1, 2018, www.liberatingstructures.com.
48. Stanley McChrystal, "The Military Case for Sharing Knowledge," TED video, 6:44, March 2014, www.ted.com/talks/stanley_mcchrystal_the_military_case_for_sharing_knowledge/transcript#t-218264.
49. Melanie Mitchell, *Complexity: A Guided Tour* (New York: Oxford University Press, 2009), 13.
50. Harold Jarche, "Organize for Complexity," *Harold Jarche* (blog), May 1, 2014, http://jarche.com/2014/05/organize-for-complexity.
51. Harris Andrea, "The Human Brain Is Loaded Daily with 34 GB of Information," *Tech 21 Century* (blog), accessed September 1, 2018, www.tech21century.com/the-human-brain-is-loaded-daily-with-34-gb-of-information.
52. The Radicati Group, Inc., "Email Statistics Report, 2017–2021," February 2017, www.radicati.com/wp/wp-content/uploads/2017/01/Email-Statistics-Report-2017-2021-Executive-Summary.pdf; "You Waste a Lot of Time at Work," Atlassian, accessed September 1, 2018, www.atlassian.com/time-wasting-at-work-infographic.

53. Kate Borger, "The Total Economic Impact ™ of G Suite," Google, February 2016, https://gsuite.google.com/learn-more/office-cloud-comparison.html.
54. Rob Walker, "How Reddit's Ask Me Anything Became Part of the Mainstream Media Circuit," Yahoo! News, March 13, 2013, www.yahoo.com/news/how-reddit-s-ask-me-anything-became-part-of-the-mainstream-media-circuit--130755591.html.
55. W. L. Gore & Associates, Inc., "The Lattice Organization," www.gore.com/about/culture.
56. Stanford eCorner, "Adam Grant: Hire for Culture Fit or Add?" YouTube video, 4:19, February 16, 2017, www.youtube.com/watch?v=mLHp25mUd40.
57. Vivian Hunt, Dennis Layton, and Sara Prince, "Why diversity matters," McKinsey & Company, January 2015, www.mckinsey.com/business-functions/organization/our-insights/why-diversity-matters.
58. Francesca Gino and Michael I. Norton, "Why Rituals Work," *Scientific American*, May 14, 2013, www.scientificamerican.com/article/why-rituals-work.
59. Ruth Umoh, "Why Amazon pays employees $5,000 to quit," CNBC, May 21, 2018, www.cnbc.com/2018/05/21/why-amazon-pays-employees-5000-to-quit.html.
60. Adam Bryant, "Want to Know Me? Just Read My User Manual," Corner Office, *The New York Times*, March 30, 2013, www.nytimes.com/2013/03/31/business/questbacks-lead-strategist-on-his-user-manual.html; David Politis, "This Is How You Revolutionize the Way Your Team Works Together . . . and All It Takes Is 15 Minutes," LinkedIn, March 29, 2016, www.linkedin.com/pulse/how-you-revolutionize-way-your-team-works-together-all-david-politis.
61. Ayla Lewis, "Gratitude in the Workplace: Research-Based Tools to Increase Happiness and Engagement," Happy Brain Science, accessed September 1, 2018, www.happybrainscience.com/blog/5-workplace-gratitude-tools.
62. Robert Kegan and Lisa Laskow Lahey, *An Everyone Culture: Becoming a Deliberately Developmental Organization* (Boston: Harvard Business Review Press, 2016), 1.
63. Peter M. Senge, *The Fifth Discipline: The Art & Practice of The Learning Organization* (New York: Currency, 1990), 7.

64. Robert Kegan et al., "Making Business Personal," *Harvard Business Review*, April 2014, https://hbr.org/2014/04/making-business-personal.
65. Timothy A. Judge, Edwin A. Locke, Cathy C. Durham, Avraham N. Kluger, "Dispositional effects on job and life satisfaction: The role of core evaluations," *Journal of Applied Psychology* 83, no.1 (February 1998): 17–34, doi:10.1037/0021-9010.83.1.17, PMID 9494439.
66. Julian B. Rotter, "Generalized expectancies for internal versus external control of reinforcement," *Psychological Monographs: General and Applied* 80, no. 1 (1966): 1–28, doi:10.1037/h0092976.
67. Carol S. Dweck, *Mindset: The New Psychology of Success* (New York: Random House, 2006).
68. Dave Snowden, "Rendering Knowledge, *Dave Snowden* (blog), Cognitive Edge, October 11, 2008, http://cognitive-edge.com/blog/rendering-knowledge.
69. Michelle Traub, "About Us: Etsy School," *Etsy News* (blog), August 23, 2013, https://blog.etsy.com/news/2013/about-us-etsy-school.
70. Peter Cappelli and Anna Tavis, "The Performance Management Revolution," *Harvard Business Review*, October 2016, https://hbr.org/2016/10/the-performance-management-revolution.
71. Peter Gainsford, "Salt and Salary: Were Roman Soldiers Paid in Salt?" *Kiwi Hellenist* (blog), January 11, 2017, http://kiwihellenist.blogspot.com/2017/01/salt-and-salary.html.
72. Alfie Kohn, "Why Incentive Plans Cannot Work," *Harvard Business Review*, September–October 1993, https://hbr.org/1993/09/why-incentive-plans-cannot-work.
73. Frederick Herzberg, Bernard Mausner, Barbara B. Snyderman, *The Motivation to Work*, 3rd ed. (New York: John Wiley & Sons, 1959), 42.
74. Daniel Kahneman and Angus Deaton, "High Income Improves Evaluation of Life but Not Emotional Well-being," *Proceedings of the National Academy of Sciences of the United States* 107, no. 38 (September 2010), doi: 10.1073/pnas.1011492107.

75. Phyllis Korkki, "Job Satisfaction vs. a Big Paycheck," *The New York Times*, September 11, 2010, www.nytimes.com/2010/09/12/jobs/12search.html.
76. Claire Cain Miller, "Children Hurt Women's Earnings, but Not Men's (Even in Scandinavia)," *The New York Times*, February 5, 2018, www.nytimes.com/2018/02/05/upshot/even-in-family-friendly-scandinavia-mothers-are-paid-less.html; Sarah Kliff, "A Stunning Chart Shows the True Cause of the Gender Wage Gap," *Vox*, February 19, 2018, www.vox.com/2018/2/19/17018380/gender-wage-gap-childcare-penalty; Judith Warner and Danielle Corley, "The Women's Leadership Gap," Center for American Progress, May 21, 2017, www.americanprogress.org/issues/women/reports/2017/05/21/432758/womens-leadership-gap.
77. "Buffer's Transparent Salary Calculator," Buffer, accessed September 1, 2018, https://buffer.com/salary/software-engineer-mobile/average; "Calculate Your Salary," Stack Overflow, accessed September 1, 2018, https://stackoverflow.com/jobs/salary.
78. Reed Hastings, "Netflix Culture: Freedom and Responsibility," SlideShare, August 1, 2009, www.slideshare.net/reed2001/culture-1798664.
79. Stacey Leasca, "These Are the Highest Paying Jobs in the Gig Economy," *Forbes*, July 17, 2017, www.forbes.com/sites/sleasca/2017/07/17/highest-paying-jobs-gig-economy-lyft-taskrabbit-airbnb/#e2d9eeb7b644.
80. MIT Press, summary of *Wage Dispersion: Why Are Similar Workers Paid Differently?* by Dale T. Mortensen, accessed September 1, 2018, https://mitpress.mit.edu/books/wage-dispersion.
81. Joshua Isaac Smith, "The Myth of Rational Decisions—How Emotions Flavour Our Choices," Adapt Faster, May 17, 2017, www.adaptfaster.com/the-myth-of-rational-decisions-how-emotions-flavour-our-choices.

第三部・・改變成真

1. Seth Godin, "People like us do things like this," Seth's Blog, July 26, 2013, https://seths.blog/2013/07/people-like-us-do-

stuff-like-this.

2. Niels Pflaeging (@NielsPflaeging), "Org #culture is like a shadow: You cannot change it, but it changes all the time. Culture is read-only." Twitter, March 25, 2015, 9:53 p.m., https://twitter.com/nielspflaeging/status/580955646415245312.
3. John P. Kotter, *Accelerate: Building Strategic Agility for a Faster-Moving World* (Boston: Harvard Business Review Press, 2014).
4. AcademiWales, "Dave Snowden -How leaders change culture through small actions," YouTube video, 1:11:06, July 26, 2016, https://youtu.be/MsLmjoAp_Dg?t=2m56s.
5. Steven Johnson, "The Genius of the Tinkerer," *The Wall Street Journal*, September 25, 2010, www.wsj.com/articles/SB10001424052748703989304575503730101860838?mod=WSJ_hp_mostpop_read.
6. CognitiveEdge, "How to Organise a Children's Party," YouTube video, 2:58, October 27, 2009, https://youtu.be/Miwb92eZaJg?t =2m32s.
7. Niels Pflaeging, "Change is more like adding milk to coffee," *Medium*, March 6, 2018, https://medium.com/@NielsPflaeging/change-is-more-like-adding-milk-to-coffee-b6498a3aa708.
8. Ed Catmull, *Creativity, Inc.: Overcoming the Unseen Forces That Stand in the Way of True Inspiration* (New York: Random House, 2014), 174.
9. Dave Gray, *Liminal Thinking: Create the Change You Want by Changing the Way You Think* (Brooklyn: Two Waves Books, 2016), xxi.
10. Peter M. Senge, *The Fifth Discipline: The Art & Practice of the Learning Organization* (New York: Currency, 1990), 140.
11. Brian Robertson, *Holacracy* (New York: Macmillan, 2015), 5.
12. David Robson, "There Really Are 50 Eskimo Words for 'Snow,' " *The Washington Post*, January 14, 2013, www.washingtonpost.com/national/health-science/there-really-are-50-eskimo-words-for-snow/2013/01/14/e0e3f4e0-59a0-11e2-beee-6e38f5215402_story.html?utm_term=.506583668442.
13. "Buurtzorg's Healthcare Revolution: 14,000 Employees, 0 Managers, Sky-High Engagement," *Corporate Rebels* (blog), June

21, 2017, https://corporate-rebels.com/buurtzorg.
14. Amy Edmondson, "Psychological Safety and Learning Behavior in Work Teams," Administrative Science Quarterly 44, no. 2 (June 1999): 350–383.
15. Alexandra Jamieson and Bob Gower, *Getting to Hell Yes* (self-published, 2018), gettingtohellyes.com. 227–28 "All managers at Handelsbanken": Handelsbanken, "Anders Bouvin, new President and Group Chief Executive of Handelsbanken," press release, August 16, 2016, http://news.cision.com/handelsbanken/r/anders-bouvin--new-president-and-group-chief-executive-of-handelsbanken,c2059556.
16. Paul Graham, "Do Things That Don't Scale," *Paul Graham*, http://paulgraham.com/ds.html.
17. David DeSteno, *The Truth About Trust: How It Determines Success in Life, Love, Learning, and More* (New York: Plume, 2014).
18. Jason Fried, "What are questions?," *Medium*, August 1, 2016, https://m.signalvnoise.com/what-are-questions-51c20fde777d.

終章・・美夢到來

1. Ricardo Semler, "How to run a company with (almost) no rules," TED video, 21:43, October, 2014, www.ted.com/talks/ricardo_semler_how_to_run_a_company_with_almost_no_rules.
2. Kate Raworth, "A healthy economy should be designed to thrive, not grow," TED video, 15:53, April 2018, www.ted.com/talks/kate_raworth_a_healthy_economy_should_be_designed_to_thrive_not_grow.
3. Bertrand Russell, *In Praise of Idleness, and Other Essays* (London: Routledge, 2004), 6, www.zpub.com/notes/idle.html.
4. "The Rochdale Principles," Co-operative Heritage Trust, accessed September 1, 2018, www.co-operativeheritage.coop/who-we-are.
5. Virginie Pérotin, "What Do We Really Know About Worker Co-operatives?" Co-operatives UK, no date, www.uk.coop/resources/what-do-we-really-know-about-worker-co-operatives.
6. "What Is DAO," *Cointelegraph*, accessed July 31, 2016, https://cointelegraph.com/ethereum-for-beginners/what-is-dao#how-

daos-work.

7. Charles Eisenstein, *Sacred Economics: Money, Gift, and Society in the Age of Transition* (Berkeley, CA: North Atlantic Books, 2011).
8. "A New Global Impact Fund," The Rise Fund, accessed September 1, 2018, http://therisefund.com.
9. "Scaling Mission-Driven Companies," Bain Capital Double Impact, accessed September 1, 2018, www.baincapitaldoubleimpact.com.
10. Mary Ann Azevedo, "Growth with an Impact: The Rise of VCs Looking to Fund a (Profitable) Cause," *Crunchbase*, February 2, 2018, https://news.crunchbase.com/news/growth-impact-rise-vcs-looking-fund-profitable-cause.
11. Indie VC, "We Invest in Real Businesses," accessed September 1, 2018, www.indie.vc.
12. "Why the decline in the number of listed American firms matters," *The Economist*, April 22, 2017, www.economist.com/business/2017/04/22/why-the-decline-in-the-number-of-listed-american-firms-matters.
13. Alex Wilhelm, "A Look Back in IPO: Amazon's 1997 Move," *TechCrunch*, June 28, 2017, https://techcrunch.com/2017/06/28/a-look-back-at-amazons-1997-ipo.
14. Marc Andreessen, "Why Software Is Eating the World," *The Wall Street Journal*, August 20, 2011, www.wsj.com/articles/SB10001424053111903480904576512250915629460.
15. Michael Grothaus, "Bet You Didn't See This Coming: 10 Jobs That Will Be Replaced by Robots," *Fast Company*, January 19, 2017, www.fastcompany.com/3067279/you-didnt-see-this-coming-10-jobs-that-will-be-replaced-by-robots.
16. Sugata Mitra, "Build a school in the cloud," TED video, 22:25, February 2013, www.ted.com/talks/sugata_mitra_build_a_school_in_the_cloud.

BIG 454

團隊潛能：自主化組織的設計、優化與效率

作　　者—亞倫・迪格南（Aaron Dignan）
譯　　者—林力敏
主　　編—謝翠鈺
企　　劃—鄭家謙
封面設計—陳文德
內頁設計—李宜芝

董 事 長—趙政岷
出 版 者—時報文化出版企業股份有限公司
108019 台北市和平西路三段 240 號 7 樓
發行專線—(02)2306-6842
讀者服務專線—0800-231-705・(02)2304-7103
讀者服務傳真—(02)2304-6858
郵撥—19344724 時報文化出版公司
信箱—10899 臺北華江橋郵局第 99 信箱
時報悅讀網—http://www.readingtimes.com.tw
法律顧問—理律法律事務所　陳長文律師、李念祖律師
印　　刷—勁達印刷有限公司
二版一刷—二〇二五年三月二十八日
定　　價—新台幣四五〇元
（缺頁或破損的書，請寄回更換）

時報文化出版公司成立於一九七五年，
並於一九九九年股票上櫃公開發行，於二〇〇八年脫離中時集團非屬旺中，
以「尊重智慧與創意的文化事業」為信念。

團隊潛能 : 自主化組織的設計、優化與效率 / 亞倫 . 迪格南 (Aaron Digna) 作 ;
林力敏譯 . -- 二版 . -- 臺北市 : 時報文化出版企業股份有限公司 , 2025.03
面 ;　公分 . -- (Big ; 454)
譯自 : Brave new work : are you ready to reinvent your organization?
ISBN 978-626-419-248-4(平裝)

1.CST: 企業管理 2.CST: 組織再造

494.2　　114000995

ISBN 978-626-419-248-4
Printed in Taiwan